英特尔 FPGA 中国创新中心系列丛书

# 机器学习技术及应用

徐宏英　尹　宽　陈文杰　华成丽　◎主编

电子工业出版社.

**Publishing House of Electronics Industry**

北京 · BEIJING

## 内 容 简 介

机器学习是人工智能的一个方向。它是一门多领域交叉学科，涉及概率论、统计学、矩阵论、神经网络、计算机等多门学科。其目标是使用计算机模拟或实现人类学习活动，从现有大量的数据中学习，利用经验不断改善系统性能。机器学习步骤一般分为获取数据、数据预处理、建立模型、模型评估和预测。

本书共 6 章。第 1 章节主要介绍机器学习的基本概念及其发展史、机器学习分类、常见机器学习算法及其特点；第 2 章搭建机器学习开发环境，主要包括 Anaconda\PyCharm\Python 软件的安装及使用，以及常见机器学习库的介绍和安装使用方法；第 3 章介绍监督学习的 4 个经典算法：线性回归、决策树、$k$ 近邻和支持向量机算法，其重点在算法的应用；第 4 章介绍主成分分析降维算法、K-means 聚类算法；第 5 章介绍人工神经网络基础，并通过房价预测和手写数字识别实例进行验证；第 6 章介绍强化学习的基本概念，有模型学习和无模型学习，最后介绍了 Q-Learning 算法和 Sarsa 算法。

本书由人工智能技术专业教师和英特尔 FPGA 中国创新中心的工程师们合力编写，讲解了大量的具体程序案例，涵盖大部分机器学习算法，教师和学生可以根据应用需求，选择对应的知识点和算法。本书所有程序均已经在英特尔 FPGA 中国创新中心 AILab 实训平台上验证实现。

本书可作为高职高专院校电子信息类相关专业教材，也可作为科技人员的参考用书。

**图书在版编目（CIP）数据**

机器学习技术及应用 / 徐宏英等主编. 一北京：电子工业出版社，2023.1
（英特尔 FPGA 中国创新中心系列丛书）

ISBN 978-7-121-44915-4

Ⅰ.①机… Ⅱ.①徐… Ⅲ.①机器学习 Ⅳ.①TP181

中国国家版本馆 CIP 数据核字（2023）第 015366 号

责任编辑：刘志红（lzhmails@phei.com.cn）
印　　刷：三河市华成印务有限公司
装　　订：三河市华成印务有限公司
出版发行：电子工业出版社
　　　　　北京市海淀区万寿路 173 信箱　邮编　100036
开　　本：787×980　1/16　印张：16　字数：358.4 千字
版　　次：2023 年 1 月第 1 版
印　　次：2023 年 1 月第 1 次印刷
定　　价：68.00 元

凡所购买电子工业出版社图书有缺损问题，请向购买书店调换。若书店售缺，请与本社发行部联系，联系及邮购电话：(010) 88254888，88258888。

质量投诉请发邮件至 zlts@phei.com.cn，盗版侵权举报请发邮件至 dbqq@phei.com.cn。

本书咨询联系方式：18614084788，lzhmails@163.com。

# 编 委 会

目前，人工智能技术、大数据技术已成为新经济的重要推力，需要大量的人工智能技术相关人才，将新的技术落实到广大传统行业中。国务院高度重视人工智能技术的发展，2017 年制定和颁布了《新一代人工智能发展规划》。其中指出"人工智能是引领未来的战略性技术"。2018 年教育部颁布《高等学校人工智能创新行动计划》，要求重视人工智能与传统学科的交叉融合。

机器学习主要研究机器如何通过模拟人类学习，不断收获新的知识或技能，以提升自身学习能力和性能。机器学习融合了智能科学、计算机科学、统计学、生物医学和社会学等多学科领域知识。早期，机器学习课程一般作为计算机专业研究生课程，或者作为本科计算机专业高年级选修课程，现在随着人工智能技术的广泛应用，部分高等院校和职业院校成立了人工智能与大数据学院，机器学习课程作为该专业学生的专业必修课。由于机器学习课程涉及学科广泛，对学生专业知识的宽度、深度和实际动手能力都有较高要求，因此在高职院校开设机器学习课程面临极大的教学挑战。高职院校机器学习课程教材应围绕国家、社会对新型产业人才的需求，坚持以"以学生为中心，产业为导向"，教材内容遵循"知识够用、重视应用、引入前沿"，加大实际应用案例在教学中的比例。

本书以项目实践为重点，突出项目实践比例，在实践中引入机器学习新知识和技术，动态更新学习内容。根据机器学习技术不同应用场景，结合实际应用，加深学生对机器学习技术的理解、方法的掌握及应用领域场景的认识。本书在内容选择上，既要反映机器学习的基础知识和经典算法，又要重视近期非常活跃的深度学习和神经网络的内容。

因此，本书主要包括 6 章，第 1 章为机器学习的基本概念的介绍，主要让学生了解机器学习的基本概念，了解机器学习的应用场景；第 2 章为机器学习环境的搭建，通过项目驱动，让学生搭建属于自己的机器学习开发环境；第 3 章介绍机器学习中的监督学习经典算法，通过 4 个经典监督学习算法，引导学生解决实际生活中诸如预测和分类问题；第 4 章介绍机器学习非监督学习经典算法；第 5 章介绍目前比较热门的深度学习技术中的神经网络技术；第 6 章介绍强化学习技术。全书所有程序均已经在英特尔 FPGA 中国创新中心的 AILab 平台上验证实现。

本书由重庆电子工程职业学院徐宏英、尹宽、陈文杰、华成丽任主编，胡云冰、柴广龙、刘宇光、赵瑞华、方旭、童亮任副主编。其中，前三章由重庆电子工程职业学院徐宏英编写，后 3 章由陈文杰、尹宽和华成丽编写。英特尔 FPGA 中国创新中心的田亮、柴广龙和刘珂全程担任技术指导，其他老师参与了代码的测试和文字的校验。

本书在编写的过程中，得到英特尔 FPGA 中国创新中心的大力支持，在此表示感谢。另外，感谢重庆电子工程职业学院人工智能与大数据学院武院长和吴书记等领导对编写工作的指导和支持，同时也感谢电子工业出版社刘志红编辑对本书提出的宝贵意见。

由于作者水平有限，书中错误和不足之处在所难免，恳请广大读者不吝指正。编者：
E-mail:hongying8015@126.com.

编者
2022 年 10 月

# 目 录

# 第1章

# 机器学习介绍

 **内容梗概**

人们利用经验进行农业生产和购买商品，那能不能让计算机帮助人们实现这些目的呢？机器学习正是这样一门科学。人类的经验就相当于计算机中的数据，让计算机从这些数据中学习并获得经验，生成算法模型，在面对新的情况时，计算机能够利用算法模型做出有效判断，这就是"机器学习"。本章主要介绍机器学习的基本概念、机器学习的分类及常见机器学习算法。

 **学习重点**

1. 了解机器学习的基本概念。
2. 掌握机器学习的分类。
3. 掌握监督学习、非监督学习、半监督学习和强化学习的概念及典型算法。

# 1.1 机器学习简介

机器学习（Machine Learning）是人工智能（Artificial Intelligence，AI）时代的核心技术，被广泛应用于人类生活的各个领域，如个性推荐、垃圾邮件过滤、图像识别、无人驾驶、语音识别等。在理解机器学习概念之前，需要先了解目前 IT 行业的流行词汇：大数据、物联网、云计算、人工智能和深度学习（Deep Learning）。

● 大数据、物联网、云计算和人工智能。

在 2017 年 12 月举行的湘江大数据创新峰会上，徐宗本院士作了题为《再论大数据——在人工智能浪潮下对大数据的再认识》的报告，其提出了大数据与其他信息技术的关系：物联网是"交互方式"，云计算是"基础设施"，人工智能是"场景应用"，大数据是"交互内容"。大数据的存储、处理需要云计算等基础设施的支撑，大数据的价值发现需要高效的人工智能方法；云计算让人工智能服务无处不在、触手可及，云计算需要海量数据的处理能力来证明自身的价值；人工智能技术的进步离不开云计算能力的不断增长，人工智能的自学习需要海量数据的输入；物联网连接的终端设备不断产生海量数据，人工智能技术发展提升终端设备的智能化水平。大数据、物联网、云计算和人工智能的逻辑关系图如图 1-1 所示。

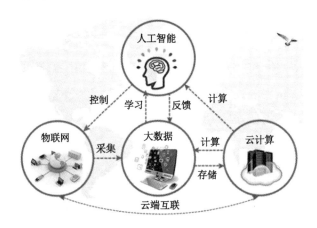

图 1-1　大数据、物联网、云计算和人工智能的逻辑关系图

● 人工智能、机器学习和深度学习。

人工智能主要研究人类智能活动的规律，构造具有一定智能的人工系统，研究如何让计算机完成以往需要人的智力才能胜任的工作。人工智能就是研究如何应用计算机的软硬件来模拟人类某些智能行为的基本理论、方法和技术。

机器学习专门研究计算机怎样模拟或实现人类的学习行为，以获取新的知识或技能，重新组织已有的知识结构，使之不断改善自身的性能。机器学习是人工智能的核心，是计算机具有智能的根本途径。

深度学习的概念源于人工神经网络（简称神经网络）的研究，深度学习通过组合低层特征形成更加抽象的高层表示属性类别或特征，以发现数据的分布式特征表示。含多隐层的多层感知器就是一种深度学习结构。

由上述内容可知，深度学习是机器学习的一个子集，机器学习是人工智能的一个子集，三者的关系如图 1-2 所示。

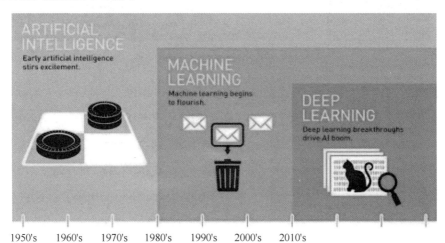

图 1-2　人工智能、机器学习和深度学习的关系

## ⊙ 1.1.1　机器学习的基本概念

机器学习最早的定义是由麻省理工学院工程师亚瑟·塞缪尔（Arthur Samuel）于1956 年提出的，他将机器学习描述为"在不直接针对问题进行编程的情况下，赋予计算

机学习能力的一个研究领域"。亚瑟·塞缪尔设计了一个西洋棋程序，让计算机和自己下了成千上万盘棋，最终这个程序的棋艺越来越好，甚至远远超过了他本人。亚瑟·塞缪尔让他的程序比他更会下棋，但他并没有明确地教程序具体应该怎么下，而是让它自学成材。图 1-3 为亚瑟·塞缪尔与计算机下棋。

图 1-3　亚瑟·塞缪尔与计算机下棋

上述是较为古老的机器学习定义。1998 年，卡内基梅隆大学的汤姆·米歇尔（Tom Mitchell）将机器学习定义为：**对于某类任务 T 和性能度量 P，如果一个计算机程序在 T 上以 P 衡量的性能随着经验 E 而不断自完善，那么称这个计算机程序在从经验 E 学习。**由该定义可知，学习的三要素为任务（Task）、性能度量（Performance）和经验（Experience），计算机程序决定如何利用经验来完成任务，并且保证随着经验的增加，能够更好地解决问题。

科学百科词条上是这样定义机器学习的："**机器学习是一门多领域交叉学科，涉及概率论、统计学、逼近论、凸分析、算法复杂度理论等多门学科。专门研究计算机怎样模拟或实现人类的学习行为，以获取新的知识或技能，重新组织已有的知识结构，使之不断改善自身的性能。**"

要真正理解机器学习的含义，需要从机器学习的发展历史讲起。

## ⊛ 1.1.2 机器学习的发展历史

机器学习是人工智能的重要分支，机器学习的发展离不开人工智能的发展，图 1-4 为人工智能发展进程，人工智能的发展经历了三个阶段：**推理期、知识期和学习期**。

20 世纪 50 年代到 70 年代初，人工智能研究处于"推理期"，其主流技术是基于符号知识表示的演绎推理技术。当时人们认为只要给机器赋予逻辑推理能力，机器就能具有智能。

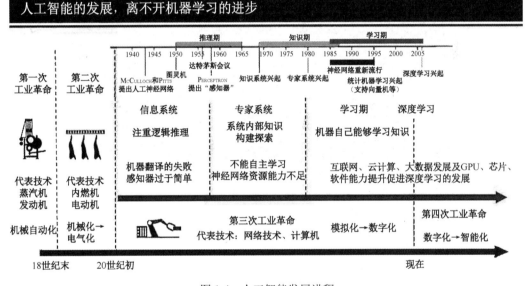

图 1-4　人工智能发展进程

其中最具代表性的是纽厄尔（A.Newell）和西蒙（H.A.Simon）的"逻辑理论家"程序，其证明了著名数学家 Russell 和 Whitehead 所著的《数学原理》中的第 38 条原理，此后还证明了所有 52 条原理，纽厄尔和西蒙也因此获得了 1975 年的图灵奖。图 1-5 为纽厄尔和西蒙。

20 世纪 50 年代中后期，基于神经网络的"连接主义"学习开始出现，具有代表性的是罗森布拉特（F. Rosenblatt）的感知器（Perceptron）。单层感知器是最简单的神经网络，它包含输入层和输出层，神经元突触权值可变，但单层感知器只能处理线性分类问题，处理不了"异或"逻辑，这导致连接主义的研究出现低潮，单层感知器模型如图1-6所示。

图 1-5    纽厄尔和西蒙

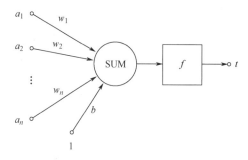

图 1-6    单层感知器模型

20 世纪 70 年代中期，人工智能进入"知识期"，大量专家系统问世，专家系统就是利用某个领域一个或多个专家的知识和经验进行推理和判断，模拟人类专家决策过程，以便解决某个领域的复杂问题。1965 年，费根鲍姆（E.A. Feigenbaum）等人在总结通用问题求解系统成功与失败经验的基础上，结合化学领域的专门知识，研制出了世界上第一个专家系统 DENRAL。费根鲍姆认为知识本身不是力量，只有被人所发掘和掌握，才能生成力量。图 1-7 是费根鲍姆。

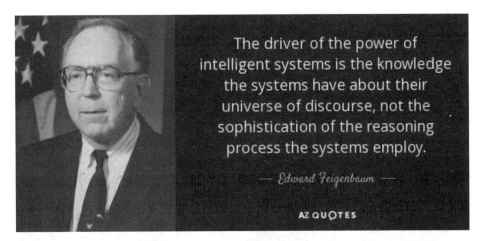

图 1-7　费根鲍姆

我国的第一个专家系统"关幼波肝病诊断与治疗"是 1978 年研制成功的。但是，专家系统面临"知识工程瓶颈"，这主要表现在专家系统的知识获取阶段，以及人们如何将总结出来的知识教给计算机。

20 世纪 80 年代中后期，人工智能进入"学习期"，这时机器学习作为一支独立的力量登上了历史舞台。在此之后的 10 年里出现了一些重要的方法和理论，如分类回归树、反向传播算法和卷积神经网络。**分类回归树**（Classification and Regression Tree）由布赖曼（L.Breiman）、弗里德曼（J.Friedman）等人于 1984 年提出，分类回归树是一种决策树，是用于预测建模的一种重要的算法类型。**反向传播算法**最早是由韦伯斯（Werbos）于 1974 年提出的，1985 年鲁姆哈特（Rumelhart）等人发展了该理论。反向传播算法是一种与梯度下降法结合使用，用来训练人工神经网络的方法，该方法对神经网络中的权重计算损失函数的梯度，用来更新权重以最小化损失函数。**卷积神经网络**（Convolutional Neural Network，CNN）是一种具有深度结构的前馈神经网络。最早的卷积神经网络可以追溯到 1962 年休伯尔（Hubel）和维厄瑟尔（Wiesel）对猫大脑中的视觉系统的研究。1980 年，日本科学家福岛邦彦提出了一个包含卷积层、池化层的神经网络结构。1987

年，Alexander Waibel 等提出了时间延迟网络（Time Delay Neural Network，TDNN），TDNN 是一个应用于语音识别的卷积神经网络。1988 年，Wei Zhang 提出了平移不变人工神经网络（SIANN），并将其应用于检测医学影像。1998 年，杨立昆（Yann LeCun）提出了更加完备的卷积神经网络 LeNet-5，LeNet-5 在原有设计中加入池化层对输入特征进行筛选。图 1-8 是杨立昆。

图 1-8　杨立昆

20 世纪 90 年代，机器学习的理论和方法得到完善和发展，重要成果有**支持向量机（SVM）、循环神经网络（RNN）、随机森林**等。支持向量机是由万普尼克（Vapnik）于 1995 年提出的，它是一种按监督学习方式对数据进行二元分类的广义线性分类器，在模式识别领域得到了广泛应用。循环神经网络是一类以序列数据为输入，在序列的演进方向进行递归且所有节点按链式连接的递归神经网络。随机森林是利用多棵树对样本进行训练并预测的一种分类器，最早是由 Leo Breiman 和 Adele Culter 提出的。

2006 年，神经网络研究泰斗辛顿（Hinton）提出了神经网络深度学习模型。图 1-9 为辛顿。

**深度学习模型**指出：多隐层的人工神经网络具有良好的特征学习能力，可通过逐层初始化来降低训练的难度，实现网络整体调优。这个模型开启了机器学习的新时代，深度学习在多个领域取得了重大成就，如谷歌翻译、苹果的语音工具 Siri，特别是 2016 年 3 月，谷歌的 AlphaGo 与围棋世界冠军李世石进行围棋大战，最终以 4∶1 的总分获胜。

图 1-10 为 AlphaGo 与李世石对弈。

图 1-9　辛顿

图 1-10　AlphaGo 与李世石对弈

## 1.2 机器学习的分类及典型算法

### 1.2.1 机器学习的分类

机器学习算法有很多，如线性回归、朴素贝叶斯、随机森林、支持向量机、神经网络等。机器学习算法按照**学习方式**分类，可以分为监督学习（Supervised Learning）、非监督学习（Unsupervised Learning）、半监督学习（Semi-supervised Learning）、强化学习（Reinforcement Learning）。按照**学习策略**分类，可以分为机械学习、示教学习、类比学习、基于解释的学习、归纳学习。按照**学习任务**分类，可以分为分类、回归、聚类。按照**应用领域**分类，可以分为自然语言处理、计算机视觉、机器人、自动程序设计、智能搜索、数据挖掘和专家系统。

深度学习是机器学习的一个分支，它与机器学习的关系如图 1-11 所示。

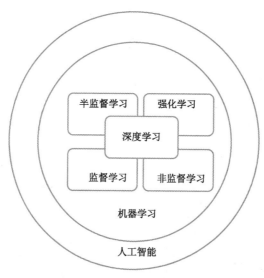

图 1-11　深度学习与机器学习的关系

深度学习的实质是深度神经网络，一般的神经网络有 3~4 层，而深度神经网络包含上百层，深度学习的提出和发展归功于大数据的出现和计算性能的提高。深度学习和传统机器学习的共同点是对数据进行分析，不同之处在于传统机器学习需要人工对数据进行特征提取，然后应用相关算法对数据进行分类，利用已有数据特征和数据标签（或者没有数据标签）对数学模型进行训练以达到最优，继而对新数据进行分类和预测。深度学习不需要人工对训练数据进行特征提取，直接利用深度神经网络对数据特征进行自学习、分类，因此人类也不知道机器是如何进行学习的。图 1-12 是传统机器学习和深度学习过程的区别。

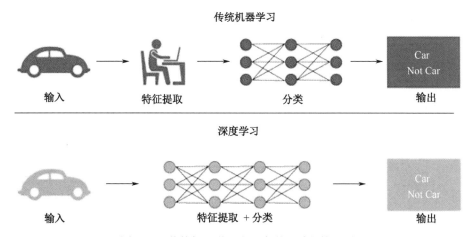

图 1-12　传统机器学习和深度学习过程的区别

## ⊙ 1.2.2　监督学习

### 1. 监督学习的定义

监督学习是指在给定的训练集中"学习"出一个函数（模型参数），当新的数据到来时，可以根据这个函数预测结果。监督学习的训练集要求包括输入和输出，即特征值和目标值（标签），训练集中数据的目标值（标签）是由人工事先进行标注的。

监督学习流程图如图 1-13 所示，其中包括准备数据、数据预处理、特征提取和特征选择、训练模型和评价模型。

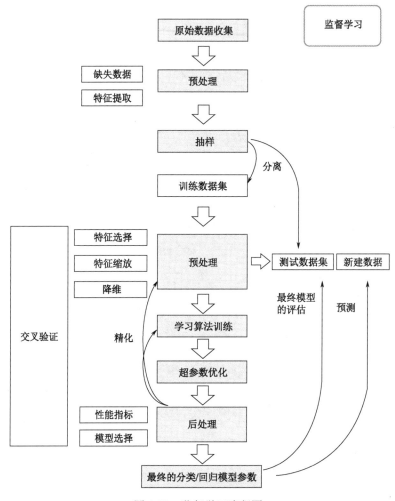

图 1-13　监督学习流程图

Step1：准备数据。监督学习首先要准备数据，没有现成的数据就需要采集数据或者爬取数据，或者从网站上下载数据。可以将准备好的数据集分为训练集、验证集和测试集。训练集是用来训练模型的数据集，验证集是确保模型没有过拟合的数据集，测试集是用来评估模型效果的数据集。

Step2：数据预处理。数据预处理主要包括重复数据检测、数据标准化、数据编码、缺失值处理、异常值处理等。

Step3：特征提取和特征选择。特征提取是结合任务自身特点，通过结合和转换原始特征集，构造出新的特征。特征选择是从大规模的特征空间中提取与任务相关的特征。特征提取和特征选择都是对原始数据进行降维的方法，从而去除数据的无关特征和冗余特征。

Step4：训练模型。模型就是函数，训练模型就是利用已有的数据，通过一些方法确定函数的参数。

Step5：评价模型。对于同一问题会有不同的数学模型，通过模型指标的比较来选取最优模型；对同一数学模型，通过模型指标的比较来调整模型参数。模型评价的基本思路是采用交叉验证方法。

### 2. 监督学习的任务

监督学习有两个主要任务：回归和分类。回归用于预测连续的、具体的数值；分类是对各种事物进行分类，用于离散预测。

### 3. 监督学习具体算法

监督学习算法发展史如图1-14所示。

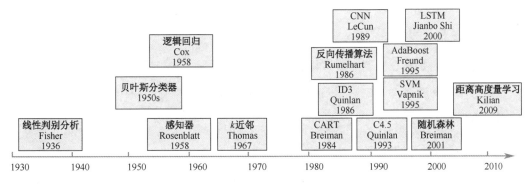

图1-14　监督学习算法发展史

其中典型的监督学习算法有朴素贝叶斯、决策树、支持向量机、逻辑回归、线性回归、k近邻等，常见的8种监督学习算法的特点如表1-1所示。

表 1-1 监督学习常见算法

| 算法名称 | 类型 | 特点 | 应用 |
|---|---|---|---|
| 朴素贝叶斯 | 分类 | 通过一个给定的元组属于一个特定的概率来进行分类 | 文本分类、垃圾邮件分类、信用评估 |
| 决策树 | 分类 | 通过训练数据构建决策树，对未知数据进行分类 | 科学决策、风险评估、金融分析 |
| 支持向量机 | 分类 | 通过最大化分类边界点与分类平面的距离来实现分类 | 模式识别、文本分类 |
| 逻辑回归 | 分类 | 处理因变量为分类变量的回归问题，常见的有二分类或二项分布问题，也有多分类问题 | 数据挖掘、疾病自动诊断、经济预测 |
| 线性回归 | 回归 | 通过一个超平面拟合数据集 | 流行病研究、金融分析、股市预测 |
| $k$ 近邻 | 分类 + 回归 | 根据距离相近的邻居类别来判定自己所属类别 | 图像分类、模式识别 |
| AdaBoost | 分类 + 回归 | 通过将一系列弱学习器组合起来，集成弱学习器的学习能力，得到一个强学习器 | 人脸检测、森林火灾预测 |
| 神经网络 | 分类 + 回归 | 通过对人脑神经元网络进行抽象，建立模型，按照不同的连接方式组成不同的网络 | 模式识别、语音识别、文本分类 |

## ⊛ 1.2.3 非监督学习

### 1. 非监督学习的定义

非监督学习是指在机器学习过程中，用来训练机器的数据是没有标签的，机器只能依靠自己不断探索，对知识进行归纳和总结，尝试发现数据中的内在规律和特征，从而对训练数据打标签。

### 2. 非监督学习的任务

非监督学习的训练数据是无标签的，非监督学习的目标是对观察值进行分类或者区分。常见的非监督学习算法主要有三种：聚类、降维和关联。聚类算法是非监督学习中最常用的算法，它将观察值聚成一个一个的组，每个组都含有一个或几个特征。聚类的目的是将相似的东西聚在一起，而并不关心这类东西具体是什么。降维指减少一个数据集的变量数量，同时保证传达信息的准确性。关联指的是发现事物共现的概率。

### 3. 非监督学习具体算法

非监督学习算法主要用于识别无标签数据的结构，常见算法如表 1-2 所示。

**表 1-2　非监督学习常见算法**

| 算法名称 | 类型 | 特点 | 应用 |
|---|---|---|---|
| K-means | 基于划分方法的聚类 | 将数据分为 $K$ 组，随机选取 $K$ 个对象作为初始的聚类中心，计算每个对象与各个种子聚类中心之间的距离，把每个对象分配给距离它最近的聚类中心 | 客户分析与分类、图形分割 |
| Birch | 基于层次的聚类 | 通过扫描数据库，建立一个聚类特征树，对聚类特征树的叶节点进行聚类 | 图片检索、网页聚类 |
| Dbscan | 基于密度的聚类 | 将密度大的区域划分为簇，在具有噪声的空间数据库中发现任意形状的簇，并将簇定义为密度相连的点的最大集合 | 社交网络聚类、电商用户聚类 |
| Sting | 基于网格的聚类 | 将空间区域划分为矩形单元，对于不同级别的分辨率，存在多个矩形单元，高层单元被划分为多个低层单元，计算和存储每个网格单元属性的统计信息 | 语音识别、字符识别 |
| 主成分分析（PCA） | 线性降维 | 通过正交变换将一组可能存在相关性的变量数据转换为一组线性不相关的变量，转换后的变量被称为主成分 | 数据挖掘、图像处理 |
| 线性判别分析（LDA） | 线性降维 | 将高维空间中的数据投影到低维空间中，投影后各个类别的类内方差小，而类间均值差别大 | 人脸识别、舰艇识别 |
| 局部线性嵌入（LLE） | 非线性降维 | 在保持原始数据性质不变的情况下，将高维空间的信号映射到低维空间，从而进行特征值的二次提取 | 图像识别、高维数据可视化 |
| 拉普拉斯映射（LE） | 非线性降维 | 从局部近似的角度构建数据之间的关系，对要降维的数据构建图，图中的每个节点和距离它最近的 $K$ 个节点建立边关系 | 故障检测 |

## ▶ 1.2.4　半监督学习

### 1. 半监督学习的定义

机器学习中的监督学习通过对大量有标签的样本进行学习，建立模型预测未知样本。然而，现实世界中有大量的无标签样本和少量的有标签样本。如果只用少量的有标签样本训练机器，学习系统往往很难具备强泛化能力，同时大量的无标签样本得不到利用，也会对数据资源造成极大的浪费。如何在少量的有标签样本下，利用大量的无标签样本改善机器学习性能，成为机器学习研究者关注的问题之一。

目前，利用无标签样本的主流技术有（纯）半监督学习、直推学习和主动学习，这三种学习方式的共同点是利用大量无标签样本来辅助少量有标签样本的学习，如图 1-15 所示。

图 1-15 所示三种机器学习方式的相同点是训练数据集中都包含少量的有标签数据和大量的无标签数据，利用这些数据对模型进行训练。不同点在于主动学习将抽取部分无标签数据，交由专家进行人工标注，将标注后的数据放入有标签数据集中，一起对模型进行训练。而（纯）半监督学习和直推学习没有专家对训练数据集中的无标签数据进行标注的过程。（纯）半监督学习和直推学习的不同之处在于训练完的模型预测的对象不同，（纯）半监督学习是预测待测数据，而直推学习是预测训练数据集中的无标签数据。

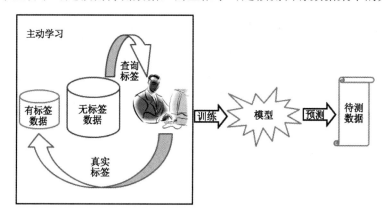

（a）主动学习

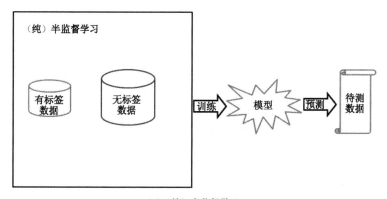

（b）（纯）半监督学习

图 1-15 （纯）半监督学习、直推学习和主动学习

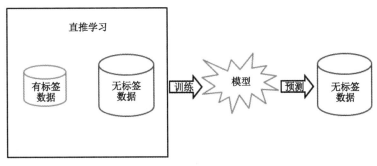

（c）直推学习

图1-15　（纯）半监督学习、直推学习和主动学习（续）

### 2. 半监督学习的基本假设

半监督学习的成立依赖于模型的假设，当模型假设正确时，无标签样本能够帮助改进学习性能。半监督学习中两个常用的假设是**聚类假设**和**流形假设**。聚类假设是指处在相同聚类中的样本有较大可能具有相同的标签。在这一假设下，大量无标签样本的作用就是帮助探明样本空间中数据分布的稠密和稀疏区域，从而指导算法对利用有标签样本学习到的决策边界进行调整，使其尽量通过数据分布的稀疏区域。流形假设是指在一个很小的局部区域内的样本具有相似的性质，其标签也相似。在这一假设下，大量无标签样本的作用就是让数据分布变得更加稠密，从而更准确地刻画局部区域的特性，使决策函数更好地进行数据拟合。

### 3. 半监督学习具体算法

从不同的学习场景看，半监督学习算法可分为4大类：半监督分类、半监督回归、半监督聚类和半监督降维，如图1-16所示。

半监督分类算法的基本思想是在无标签样本的帮助下训练有标签样本，获得比单独使用有标签样本更好的分类器，弥补有标签样本不足的缺陷。

半监督回归算法的基本思想是在无输出的输入的帮助下训练有输出的输入，获得比只使用有输出的输入训练得到的回归器性能更好的回归器。

半监督聚类算法的基本思想是在有标签的样本信息的帮助下，获得比只使用无标签的样本更好的簇，提高聚类的精度。

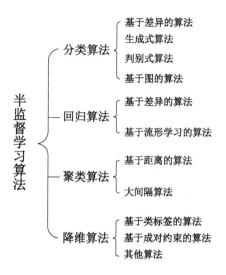

图 1-16　半监督学习算法分类

半监督降维算法的基本思想是在有标签的样本信息的帮助下，找到高维输入数据的低维结构，同时保持原始高维数据和成对约束的结构不变。

## ⊙ 1.2.5　强化学习

### 1. 强化学习的定义

强化学习强调基于环境而行动，以取得最大化的预期利益。其灵感来源于心理学中的行为主义理论，即智能体（Agent）在环境给予的奖励或惩罚的刺激下，逐步形成对刺激的预期，产生能获得最大利益的习惯性行为。强化学习的主要特点是智能体和环境之间不断进行交互，智能体为了获得更多的累计奖励而不断搜索和试错。强化学习主要由 5 个部分组成，分别是智能体、环境、状态、行动和奖励，如图 1-17 所示。

图 1-17　强化学习的组成

图 1-17 中的智能体指计算机，计算机在强化学习过程中采取行动来操纵环境，从一

个状态转变到另一个状态，当它完成任务时，系统就给予它奖励，当它没完成任务时，系统就不给予奖励，这就是强化学习的核心思想。

### 2. 强化学习的分类及算法

强化学习可以分为两大类，一类是有模型的强化学习，另一类是无模型的强化学习。有模型的强化学习有动态规划法，无模型的强化学习有蒙特卡罗法和时间差分法，如图 1-18 所示。

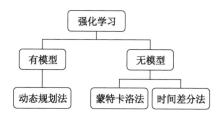

图 1-18　强化学习的分类

动态规划法是实现决策过程最优化的数学方法，其主要思想是求问题的最优解，求解的大问题可以分解成小问题，分解后的小问题存在最优解，将小问题的最优解组合起来就能够得到大问题的最优解。分析思路是从上往下分析问题，从下往上求解问题。

蒙特卡罗法也称统计模拟法、统计试验法，其主要思想是首先根据实际问题构造概率统计模型，问题的解恰好是模型的参数或数字特征；然后对模型进行抽样试验，给出所求解的近似值；最后统计处理模拟结果，给出问题解的统计估计值和精度估计值。

# 本章小结

本章是机器学习的基础，主要内容包括机器学习的定义、机器学习的发展历程及机器学习的分类，其中的重点是监督学习、非监督学习、半监督学习和强化学习的区别及典型算法。通过本章的学习，读者可以了解机器学习的概念及发展过程，以及常见机器学习算法的名称和特点，为后续章节的学习打下基础。

# 习　题

## 一、填空题

1. _____ 是机器学习的一个子集，_____ 是人工智能的一个子集。

2. 1956 年，麻省理工学院工程师_____ 将机器学习定义为"在不直接针对问题进行编程的情况下，赋予计算机学习能力的一个研究领域"。

3. 人工智能的发展经历了三个阶段：_____、_____ 和_____。

4. 单层感知器是最简单的神经网络，它包含_____ 和_____。

5. 世界上第一个专家系统_____ 是_____ 年由费根鲍姆等人研发的，我国第一个专家系统_____ 是_____ 年研制成功的。

6. 1984 年，L.Breiman 和 J.Friedman 等人提出了_____ 算法，它是预测建模的一种重要的算法类型。

7. 1998 年，Yann LeCun 提出了更加完备的卷积神经网络_____，它在原有设计中加入池化层对输入特征进行筛选。

8. 1995 年，Vapnik 提出了_____，它是一种按监督学习方式对数据进行二元分类的广义线性分类器。

9. 2006 年，_____ 提出了深度学习概念。

10. 2016 年 3 月，谷歌的_____ 与围棋世界冠军李世石进行了围棋大战，并以 4∶1 的总分获胜。

## 二、多项选择题

1. 下列属于机器学习中的监督学习算法的有（　　　　）。
   - A．ID3
   - B．C4.5
   - C．SVM
   - D．AdaBoost

2. 下列属于机器学习中的非监督学习算法的有（　　　　）。
   - A．K-means
   - B．Sting

    C. Birch                        D. Dbscan

3. 下列属于机器学习中的半监督学习算法的有（　　　）。

    A. 基于差异的算法           B. 基于流形学习的算法

    C. 基于距离的算法           D. 基于类标签的算法

4. 人工智能的发展阶段包括（　　　）。

    A. 推理期                    B. 表示期

    C. 知识期                    D. 学习期

5. 按照学习方式，机器学习可以分为（　　　）。

    A. 监督学习                 B. 非监督学习

    C. 半监督学习              D. 强化学习

6. 按照学习任务，机器学习可以分为（　　　）。

    A. 分类                      B. 聚类

    C. 回归                      D. 降维

7. 机器学习的应用领域有（　　　）。

    A. 自然语言处理           B. 计算机视觉

    C. 自动驾驶                 D. 人脸检测

8. 下列说法错误的有（　　　）。

    A. 监督学习和非监督学习的区别在于是否有人监督

    B. 监督学习的回归和分类的区别在于训练数据的多少

    C. 科学决策和金融分析属于监督学习中的回归

    D. 有的分类算法也可以解决回归问题

9. 下列说法正确的有（　　　）。

    A. 非监督学习中训练机器的数据是没有标签的

    B. 常见的非监督算法有聚类、降维和关联

    C. 聚类是将相似的东西聚在一起，并关心这些东西是什么

    D. 降维指减少一个数据集的变量数量，同时保证传达信息的准确性

10．下列说法正确的有（　　　）。

    A．半监督学习利用少量有标签样本和大量无标签样本

    B．半监督学习中的主动学习有专家进行人工标注

    C．半监督学习中的纯半监督学习是预测待测数据

    D．半监督学习中的直推学习是预测待测数据

11．强化学习包含（　　　）。

    A．奖励　　　　　　　　　　B．智能体

    C．状态　　　　　　　　　　D．行动

## 三、问答题

1．论述监督学习和非监督学习的区别及优缺点。

2．列举监督学习常见算法及特点。

3．列举非监督学习常见算法及特点。

# 第 2 章

# 基于 Python 语言的机器学习环境搭建与配置

 **内容梗概**

小明想吃鱼香肉丝，那么他应该怎么做呢？首先，要去超市或者菜市场购买鱼香肉丝的原材料，如猪肉、木耳等。买回这些原材料后，小明应该去哪里做菜呢？厨房是人们制作佳肴的地方，这里有刀具，可以将食材切割成想要的形状；这里有餐具，可以盛放食材；这里有炊具，可以对食材进行烹饪；这里还有各种佐料，可以为食材添加各种味道，从而制作出一道色香味俱全的佳肴。

机器学习的学习者是计算机，学习对象是数据。计算机就好比厨师，数据好比食材。现在数据和计算机都有了，还需要机器学习的工具和环境。接下来将开启基于 Python 语言的机器学习环境搭建与配置之旅。

 **学习重点**

1. 了解常见机器学习开发语言及工具。
2. 熟练掌握 Python/Anaconda/PyCharm 软件的安装与使用。
3. 熟练掌握常见机器学习库函数的安装及使用。

## 2.1 机器学习相关软件介绍

### ⊙ 2.1.1 机器学习开发语言

机器学习应该选择哪种编程语言呢？其实，选择哪种编程语言关系不大，关键是选取编程语言的机器学习库和工具，很多机器学习库支持多种编程语言。目前主流的机器学习开发语言有 MATLAB、Python、Java、C++和 R。

#### 1. MATLAB

MATLAB 是美国 MathWorks 公司出品的商业数学软件，主要用于算法开发、数据分析、图像处理与计算机视觉、深度学习、信号处理等领域。MATLAB 可以应用于机器学习算法的原型设计，开发复杂的解决方案。MATLAB 语言的优点是编程简单、效率高、易学易懂，MATLAB 规定了矩阵的算术运算符、关系运算符、逻辑运算符等高效方便的矩阵和数组运算。MATLAB 语言的缺点是循环运算效率低、封装性不好。图 2-1 为 MATLAB 语言的 Logo。

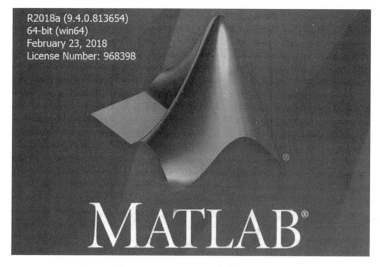

图 2-1　MATLAB 语言的 Logo

## 2. Python

Python 是一种跨平台的计算机程序设计语言，是一种高层次的结合了解释性、编译性、互动性和面向对象的脚本语言。Python 语言是由荷兰人吉多·范罗苏姆在 ABC 语言的基础上开发的。由于具有简洁性、易读性及可扩展性，Python 语言已经成为最受欢迎的程序设计语言之一。图 2-2 为 Python 语言的 Logo。

图 2-2　Python 语言的 Logo

Python 的底层是用 C 语言编写的，很多标准库和第三方库也是用 C 语言编写的，所以运行速度非常快。Python 是开源软件，可以自由发布该软件的副本，阅读软件的源代码，并能对该软件进行改动和发布。由于 Python 的开源本质，它已经被移植到许多平台上，Python 程序无须修改就可以在这些平台上运行。Python 是面向对象的高级语言，不需要考虑如何管理程序使用的内存等底层细节，程序是由数据和功能组合而成的对象构建而成的，与其他语言如 C++和 Java 相比，Python 以一种非常强大又简单的方式实现了面向对象编程。Python 是一种解释型语言，可以边编译边执行，这使得 Python 更加易于移植。

## 3. Java

Java 是一种面向对象的语言，使用 Java 语言进行程序开发，需要采用面向对象的思想设计程序和编写代码。Java 语言使用虚拟机机制屏蔽了具体平台的相关信息，因而采用 Java 语言编写的程序只需要生成虚拟机上的目标代码，就可以在多种平台上运行。图 2-3 为 Java 语言的 Logo。

图 2-3　Java 语言的 Logo

Java 语言与 C 和 C++语言类似，但学习起来简单很多，Java 语言不使用指针，加入了垃圾回收机制，解决了管理内存的问题，使得编程更加简单。Java 语言是多线程的，它支持多个线程同时执行，并提供多线程之间的同步机制。Java 语言支持网络应用开发，其基本应用编程接口中就有网络应用编程接口，提供如 URL、URLConnection、Socket 等类库。

4. C++

1982 年，美国贝尔实验室的 Bjarne Stroustrup 博士在 C 语言的基础上引入了面向对象的概念，提出了一种新的程序语言 C++。C++语言常用于系统层软件开发、服务器程序开发、科学计算等。C++语言简洁、灵活、使用方便，生成的目标代码质量高，程序执行效率高、可移植性好。C++语言支持面向对象的编程机制，如封装函数、抽象数据类型、继承、多态、函数重载和运算符重载。图 2-4 为 C++语言的 Logo。

图 2-4　C++语言的 Logo

### 5. R

R 是一种应用于统计计算和统计绘图的语言和环境，它是属于 GNU 系统的一个自由、免费、源代码开放的软件。R 语言被认为是 S 语言的一个分支，S 语言是由 AT&T 贝尔实验室开发的一种用来进行数据探索、统计分析和作图的解释型语言。R 语言和 S 语言在语法上几乎一样，只是在函数方面有细微差别。

R 语言作为一种统计分析软件，可以运行于 UNIX、Windows 和 Mac OS 操作系统上。R 语言是一种开放的统计编程语言，其语法通俗易懂，很容易学习和掌握。R 语言的函数和数据集保存在程序包中，当程序包被载入时，其内容才能被访问，基本的程序包已经被收入标准安装文件，常见的程序包有 base（R 语言基础模块）、mle（极大似然估计模块）、ts（时间序列分析模块）、mva（多元统计分析模块）、survival（生存分析模块）等。图 2-5 为 R 语言的 Logo。

图 2-5　R 语言的 Logo

## ⊙ 2.1.2　机器学习开发工具

机器学习关键在于掌握正确的方法，精通机器学习工具有利于处理数据、训练模型和改进算法。目前大量的机器学习工具、平台和软件不断出现，同时出现了很多机器学习框架，这些框架直接跨越开发、测试、优化和生产流程，为开发人员提供了良好的研发捷径。有的框架注重自身的可用性，有的框架侧重于生产部署和参数优化，不同框架有各自的优缺点，常见的机器学习框架有 TensorFlow、PyTorch、Keras、Caffe 等，下面将对常见的机器学习框架进行简单介绍。

### 1. TensorFlow

2009 年，"神经网络之父""深度学习鼻祖" Geoffery Hinton 提出了一个实现广义反向传播算法的框架，Google 公司基于这个框架，试验了新的深度学习算法，使语音识别的错误率降低了 25%。2011 年，Google Brain 内部孵化了一个名为 DistBelief 的项目，DistBelief 是为深度神经网络构建的一个机器学习系统，这个学习系统可以从数百万份 YouTube 视频中学习猫的关键特征。2015 年 11 月，Google 发布了 TensorFlow 的白皮书并很快将其开源。TensorFlow 是 Google 基于 DistBelief 研发的第二代人工智能学习系统。图 2-6 为 TensorFlow 的图标。

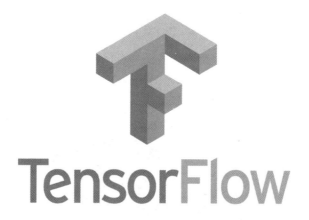

图 2-6　TensorFlow 的图标

Google 官网是这样描述 TensorFlow 的：TensorFlow 是一个采用数据流图（Data Flow

Graph），用于数值计算的开源软件库。图 2-7 为 TensorFlow 数据流图。在数据流图中，通常用圆、椭圆或方框表示节点，节点代表数学操作（OP），或者数据的输入和输出，或者变量的读取和写入；带箭头的线代表节点之间的输入与输出关系，线就是节点间相互联系的多维数组，即张量（Tensor）。训练模型时，张量会从数据流图中的一个节点流向另一个节点。

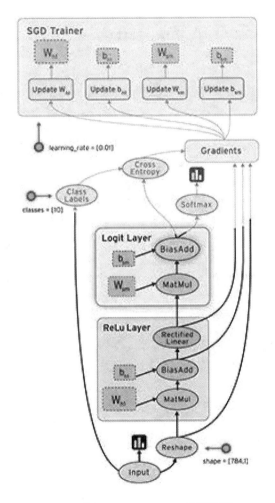

图 2-7　TensorFlow 数据流图

机器学习中的数值类型如表 2-1 所示。

表 2-1　机器学习中的数值类型

| 阶 | 数学实例 | 释义 | Python 例子 |
|---|---|---|---|
| 0 | 标量（只有大小） | 一个数值，计算的最小单元 | S=483 |
| 1 | 向量（大小和方向） | 由标量构成的 1 维数组 | V=[1,2,3] |
| 2 | 矩阵（数据表） | 由标量构成的 2 维数组 | M=[[1,2,3],[4,5,6],[7,8,9]] |
| 3～n | 张量（数据立体） | 多维数组构成的数据集合 | N=[[[1],[2],[3]],[[4],[5],[6]],[[7],[8],[9]]] |

张量是什么？简而言之，张量就是一个数据容器，它可以用来表示数字、向量、矩阵等基本数据，还可以表示时间序列、图像、视频等复杂的数据集。图 2-8 是张量的直观表示。

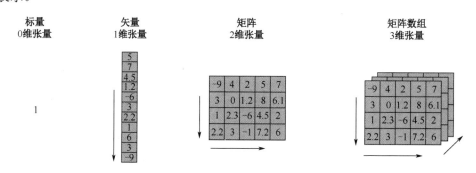

图 2-8　张量的直观表示

下面举一个用 4 维张量表示数字图像的例子，首先给出 Python 代码，如图 2-9 所示。

```
1    import tensorflow as tf
2    img=tf.Variable(tf.constant([1.0,2.0,3.0,4.0,5.0,6.0,7.0,8.0,9.0,10.0,11.0,12.0],shape=[2,2,2,3]))
3
4    with tf.Session() as sess:
5        sess.run(tf.global_variables_initializer())
6        print(".img:\n",sess.run(img))
7
8
```

图 2-9　4 维张量生成的 Python 代码

程序输出如图 2-10 所示。

上面的程序表示模拟生成 2 张图片，每张图片的大小是 2 行 2 列，通道数是 3，第一张图片和第二张图片包含的数字信息如图 2-11 所示（为了简化，假设图片大小是 2×2）。

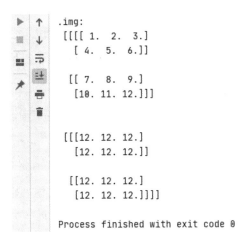

```
.img:
[[[[ 1.  2.  3.]
   [ 4.  5.  6.]]

  [[ 7.  8.  9.]
   [10. 11. 12.]]]


 [[[12. 12. 12.]
   [12. 12. 12.]]

  [[12. 12. 12.]
   [12. 12. 12.]]]]

Process finished with exit code 0
```

图 2-10　程序输出

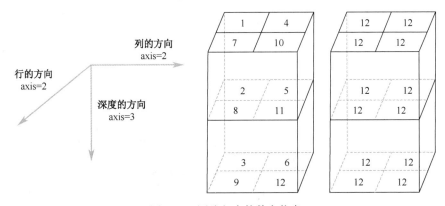

图 2-11　图片包含的数字信息

在 TensorFlow 中，使用图（Graph）来表示计算任务，在使用 TensorFlow 时会在图中创建各种节点（Node），节点分为以下三种。

● 存储节点：有状态的变量操作，通常用于存储模型参数。

● 计算节点：无状态的计算和控制操作，主要负责算法的逻辑或流程的控制。

● 数据节点：数据的占位符操作，用于描述图外输入的数据。

TensorFlow 具有如下优点。

● TensorFlow 采用数据流图，只要计算过程能用一个数据流图表示，就可以使用 TensorFlow，它不仅可以用于神经网络算法研究，还可以用于普通的机器学习算法研究。

● TensorFlow 可以部署在单 CPU 计算机、多 CPU 计算机、单 GPU 计算机、多 GPU

计算机上，还可以运行在普通服务器、云服务器、手机移动设备和其他嵌入式设备上。

● 使用 TensorFlow，只需要定义预测模型的结构，将其和目标函数结合在一起并输入数据，TensorFlow 将自动计算相关的微分导数。

● TensorFlow 是用 C++实现，用 Python 封装的。可以直接编写 Python 和 C++程序，还可以使用 Go、Java、Lua、JavaScript、R 等语言。

总之，TensorFlow 使用数据流图来表示计算任务，使用 Tensor 来表示数据，Tensor 在数据流图中流动，在 TensorFlow 中创建节点、运算等行为都称为操作。TensorFlow 就是将复杂的数据结构传输至人工智能神经网络中进行分析和处理的系统。

## 2. PyTorch

PyTorch 是一个基于 Torch 的 Python 开源机器学习库，用于机器学习、自然语言处理等，它是 2017 年由 Facebook 人工智能研究院（FAIR）推出的，它不仅能够实现 GPU 加速，还支持动态神经网络。图 2-12 是 PyTorch 的图标。

图 2-12　PyTorch 的图标

PyTorch 具有以下优点。

● PyTorch 采用动态构建模型机制，可以直接修改模型架构，在代码执行过程中出现问题时可以方便地进行调试。

● PyTorch 是在深度学习框架 Torch 的基础上使用 Python 重写的一个全新的深度学习框架，从它的命名 PyTorch 就可以看出。PyTorch 更像 NumPy 的替代物，它不仅继承了 NumPy 的众多优点，而且在计算效率上比 NumPy 更具优势。

● PyTorch 使用了 CuDNN 加速计算过程，程序核心中张量用 C 语言实现，程序包小且运行速度快。

● PyTorch 被直接内嵌到 Python 中，允许用户直接使用 NumPy、Scipy 等工具包，使得程序简洁。

## 3. Keras

Keras 是一个用 Python 编写的开源神经网络库，可以作为 TensorFlow、Microsoft CNTK 和 Theano 的高阶应用程序接口。Keras 并不处理张量乘法、卷积等底层操作，这些操作依赖于某种特定、优化良好的张量操作库，称这种库为"后端引擎"。Keras 提供了三种后端引擎：TensorFlow、Microsoft CNTK 和 Theano。Keras 由于其对用户友好、高度模块化、可扩展性强，同时支持卷积神经网络和循环神经网络，以及能在 CPU 和 GPU 上无缝运行等特点而被广泛应用，图 2-13 是 Keras 的图标及后端引擎。

图 2-13　Keras 的图标及后端引擎

使用 Keras 搭建一个神经网络有 5 个步骤，具体如图 2-14 所示。

Step1：选择模型。Keras 核心数据结构是模型（Model），Keras 设定了两类深度学习模型，一类是序贯（Sequential）模型，即多个层的线性堆叠，是由 API 中的层对象堆叠得到的神经网络模型。另一类是函数式模型，其功能是将一个张量指定为输入，另一个张量指定为输出，将输入、输出张量之间存在的节点组合成神经网络模型。

Step2：构建网络层。神经网络由输入层、隐层和输出层三个基本层组成，其中每层可以包括各种网络层，如全连接层、激活层、卷积层、池化层、局部连接层、循环层、嵌入层等。

Step3：编译。网络模型搭建之后，需要对网络的学习过程进行配置，Keras 模型的编译由 model.compile 实现，编译时可以设置优化函数、损失函数及评价函数，并且运行时可将代码翻译为后台代码来执行学习过程。

Step4：训练。模型编译完成后可使用 model.fit 或 model.fit_generator 进行学习。

Step5：预测。模型学习完成后可以使用 model.evaluate 进行模型评估，使用 model.predict 进行模型测试。

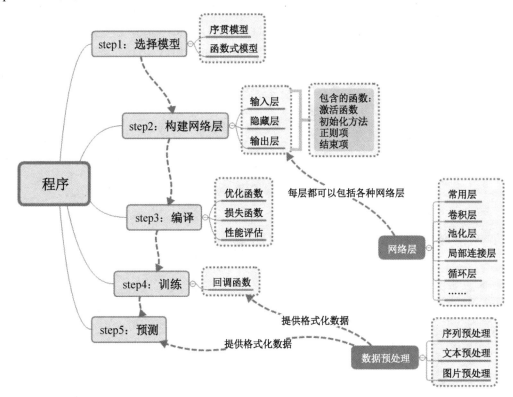

图 2-14　使用 Keras 搭建神经网络的步骤

## 4. Caffe

Caffe 是一种常用的深度学习框架，主要应用于视频、图像处理方面，它由伯克利视觉和学习中心开发。Caffe 内核用 C++编写，它支持命令行、Python 和 MATLAB 接口，可以在 CPU 和 GPU 之间无缝切换，图 2-15 是 Caffe 的图标。

# Caffe

图 2-15  Caffe 的图标

Caffe 的主要特点如下。

● 采用模块化设计原则，实现对数据格式、网络层和损失函数的扩展。

● Caffe 利用 Google 的 Protocol Buffer 定义模型文件，使用文本文件 prototxt 表示网络结构，以有向非循环图形式构建网络。

● Caffe 提供了 Python 和 MATLAB 接口，使用者可以根据需求选择自己熟悉的语言。

● 利用 GPU 实现计算加速。

除上面介绍的 4 种机器学习框架外，还有微软的 CNTK、蒙特利尔理工学院的 Theano、亚马逊的 MXNet 等国外机器学习框架，如图 2-16 所示。

图 2-16  常见机器学习框架

2020 年，中国迎来了机器学习框架的集中爆发。清华大学的计图（Jittor）、旷视的天元（MegEngine）和华为的 MindSpore 先后问世。除此之外，还有百度的 PaddlePaddle（它是国内首个深度学习开源平台）、阿里巴巴的 X-DeepLearning、腾讯优图实验室的 NCNN 等机器学习框架。国内研发的机器学习框架虽然个性还不够强，但已经实现了局部突破，未来可期。

## 2.2　机器学习开发环境搭建

机器学习开始之前，首先要搭建机器学习开发环境，目前在机器学习中最常用的开发工具就是 Python，接下来将介绍 Python 及其集成开发环境的安装和使用。

### ⊛ 2.2.1　Python 的安装及使用

Python 自带了一款简洁的集成开发环境 IDLE，它是一个 Python Shell，用户可以利用 Python Shell 与 Python 交互。下面介绍 Python 的安装及自带 IDLE 的使用步骤。

第一步，进入 Python 官网，如图 2-17 所示，在"Downloads"下拉列表框中选择软件安装平台，如 Linux、Windows 和 Mac OS 等。

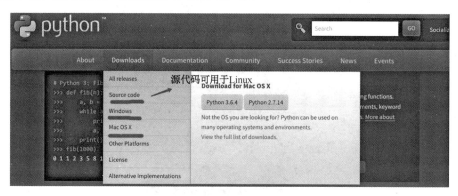

图 2-17　Python 官网界面

第二步，单击图 2-17 中的"Windows"选项，在如图 2-18 所示的 Python 安装包下载界面中选择适合自己计算机的版本进行下载。

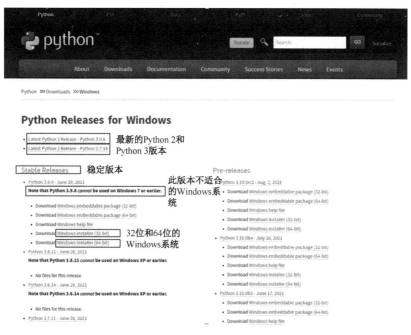

图 2-18　Python 安装包下载界面

第三步，右击下载的可执行文件，在弹出的快捷菜单中选择如图 2-19 所示的"以管理员身份运行"。

图 2-19　以管理员身份运行文件

第四步，进入如图 2-20 所示的安装界面，勾选界面最下方的"Add Python 3.9 to PATH"，目的是将 Python 解释器加入 Windows 系统环境变量中，后面可直接在 Windows

命令行中执行 Python 脚本。环境变量究竟是什么呢？简单来说，环境变量就是一个路径，告诉计算机 Python 安装在什么地方，这样计算机就能够调用它。接下来选择安装方式，"Install Now"表示采用默认安装路径，"Customize installation"是用户自定义安装，这里选择后者。

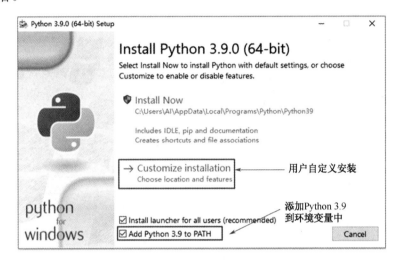

图 2-20　Python 安装界面

第五步，进入如图 2-21 所示的选项特征界面，勾选所有选项，单击"Next"按钮进入下一步。

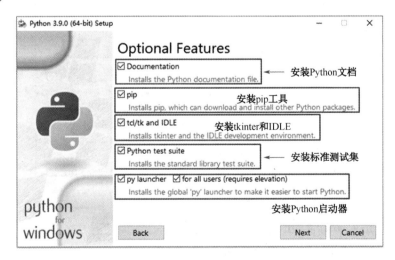

图 2-21　Python 选项特征界面

第六步，进入如图 2-22 所示的高级选项界面，根据自身需求勾选相关选项，并选择安装路径，单击"Install"按钮进行安装。

图 2-22　Python 高级选项界面

第七步，安装过程中会显示如图 2-23 所示的安装进度条。

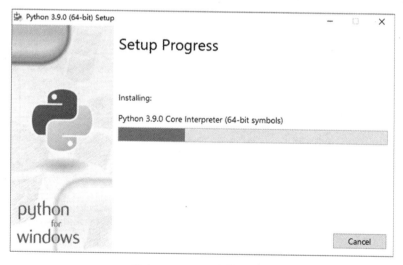

图 2-23　Python 安装进度条

第八步，安装完成后，如图 2-24 所示，单击"Close"按钮关闭界面。

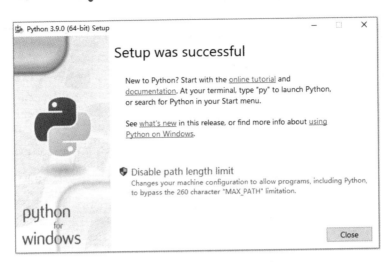

图 2-24　Python 安装成功界面

第九步，双击 Python 图标，打开 Python Shell 界面，如图 2-25 所示。

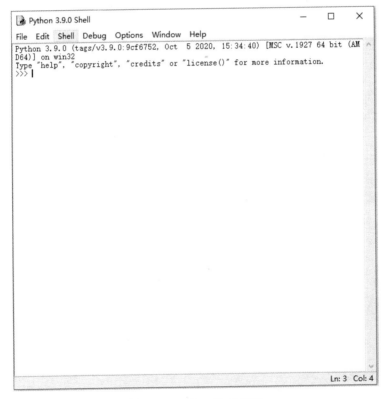

图 2-25　Python Shell 界面

第十步，在打开的 Python Shell 界面中输入命令，并输出结果，如图 2-26 所示。

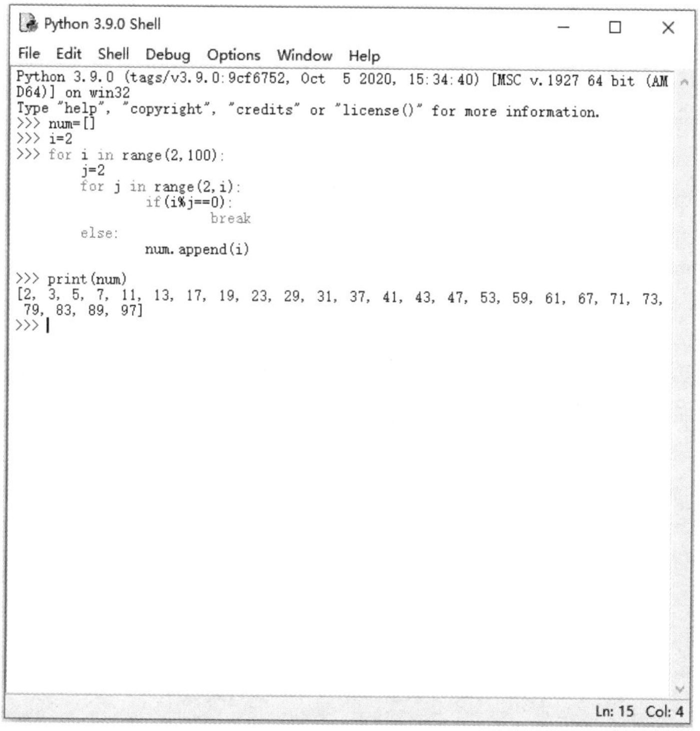

图 2-26　输入命令并输出结果

从图 2-26 可以看出，Python Shell 界面十分简洁，菜单栏只有 7 个选项。界面上显示了 Python 版本信息，可以在命令交互提示符 "&gt;&gt;&gt;" 后面逐行输入 Python 指令。这个 Python 自带的 IDLE 使用比较简单、上手快，缺点是没有代码提示功能、自带的数据包比较少，适合初学者使用。

## ⊙ 2.2.2　Anaconda 的安装及使用

Anaconda 是一个用于科学计算的软件包，提供了包管理和环境管理的功能，利用工具/命令 conda 来进行包和环境的管理，解决了多版本 Python 并存、切换及各种第三方包安装问题。简而言之，Anaconda 就是一个软件包集合，里面预装了 conda、某个版本的 Python、其他软件包和科学计算工具等。

Anaconda 是由 Anaconda 公司开发和发行的，有免费版本，也有收费版本，如 Anaconda 企业版本和商业版本。下面介绍 Anaconda 的安装及使用步骤。

第一步，登录 Anaconda 官网，在首页的"Products"下拉列表框中选择"Individual Edition"，如图 2-27 所示。

图 2-27　Anaconda 官网界面

第二步，如图 2-28 所示，在弹出的界面中选择合适的 Anaconda 安装版本。比如，当前操作系统是 64 位的 Windows 操作系统，可选择 Windows 图标下的"64-Bit Graphical Installer(477MB)"。从图 2-28 可以看出，最新的 Anaconda 安装版本中集成了 Python 3.8。

## Anaconda Installers

| Windows ⊞ | MacOS  | Linux △ |
| --- | --- | --- |
| Python 3.8 | Python 3.8 | Python 3.8 |
| 64-Bit Graphical Installer (477 MB) | 64-Bit Graphical Installer (440 MB) | 64-Bit (x86) Installer (544 MB) |
| 32-Bit Graphical Installer (409 MB) | 64-Bit Command Line Installer (433 MB) | 64-Bit (Power8 and Power9) Installer (285 MB) |
| | | 64-Bit (AWS Graviton2 / ARM64) Installer (413 M) |
| | | 64-bit (Linux on IBM Z & LinuxONE) Installer (292 M) |

图 2-28　Anaconda 下载界面

第三步，双击安装文件，进入 Anaconda 安装界面，如图 2-29 所示。

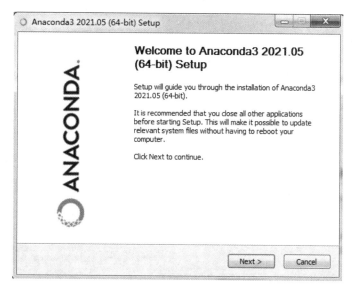

图 2-29　Anaconda 安装界面

第四步，单击"Next"按钮，进入如图 2-30 所示的安装许可界面。

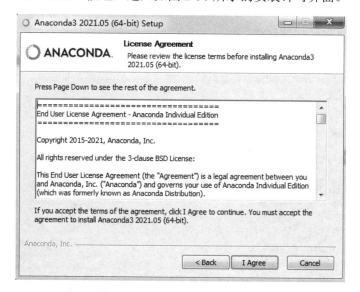

图 2-30　Anaconda 安装许可界面

第五步，认真阅读完许可文件后，单击"I Agree"按钮，进入如图 2-31 所示的安装
类型选择界面。

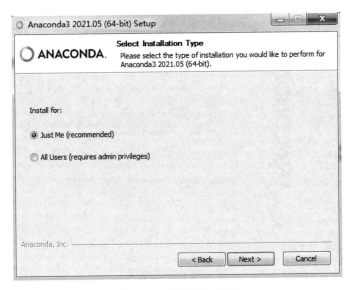

图 2-31　选择安装类型

第六步，选择"Just Me(recommended)"，单击"Next"按钮，进入如图 2-32 所示的安装路径选择界面。

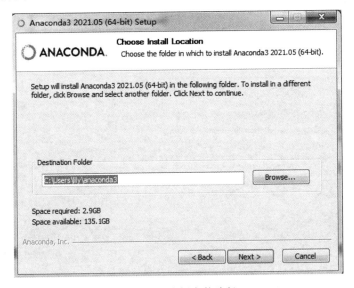

图 2-32　选择安装路径

第七步，选择好安装路径后，单击"Next"按钮，进入如图 2-33 所示的高级安装选项界面。

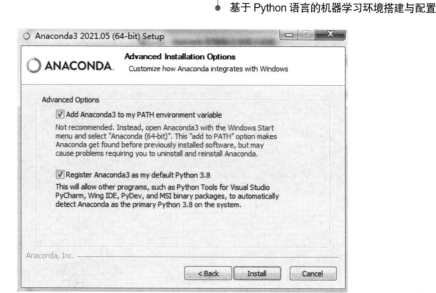

图 2-33　Anaconda 高级安装选项界面

　　该界面中有两个选项：一个是将 Anaconda3 添加到环境变量中；另一个是注册 Anaconda3 为默认的 Python 3.8，当其他软件如 PyCharm、Wing IDE、PyDev 和 MSI 运行时，自动检测到 Anaconda3 的 Python 3.8 作为解释器。

　　第八步，单击"Install"按钮，进入如图 2-34 所示的安装进度界面。

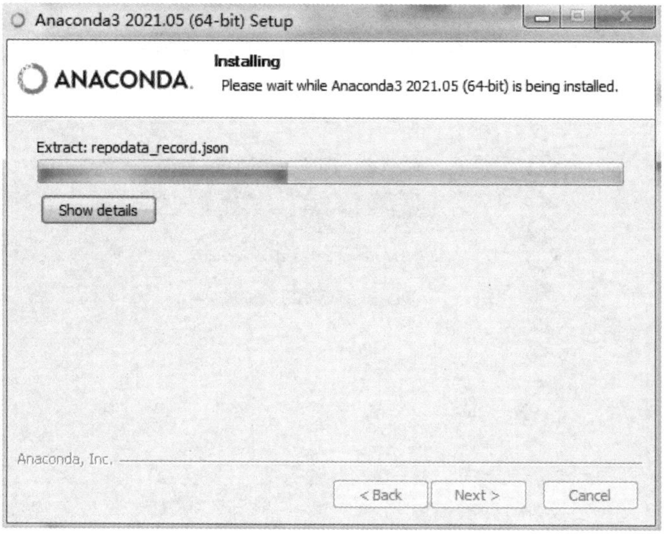

图 2-34　Anaconda 安装进度界面

第九步，单击"Next"按钮，如果想将 Anaconda 和 PyCharm 结合起来使用，可单击图 2-35 中的网址。

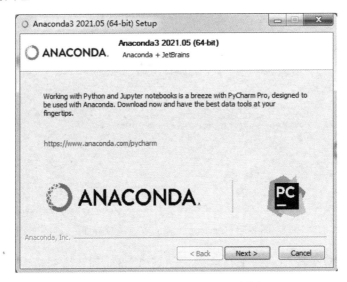

图 2-35　Anaconda+PyCharm 结合版

第十步，单击"Next"按钮，进入如图 2-36 所示的安装完成界面，单击"Finish"按钮，安装成功。

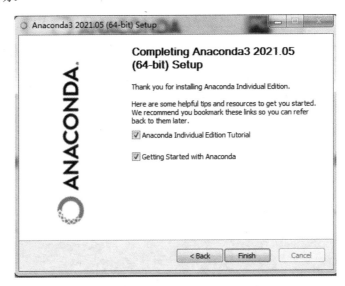

图 2-36　Anaconda 安装完成界面

第十一步，单击 Windows 操作系统的"开始"按钮，在所有程序中找到"Anaconda3(64-bit)"文件夹，如图 2-37 所示。"Anaconda3(64-bit)"文件夹下有 6 个选项，分别为 Anaconda 导航器、Anaconda Powershell 命令行界面、Anaconda 命令行界面（自带终端）、Jupyter 笔记本（网页版编辑器）、重置 Spyder 设置、Spyder（桌面编辑器）。

图 2-37　打开"Anaconda3(64-bit)"文件夹

第十二步，单击 Anaconda 导航器选项，弹出如图 2-38 所示的 Anaconda 主页标签界面。导航器是 Anaconda 发行版本中包含的桌面图形用户界面（GUI），用户利用它可以轻松管理 conda 程序包、环境和通道，而无须使用命令行命令。

图 2-38 中显示了可用的应用软件，已经安装的有 CMD.exe Prompt、Datalore、Jupter Lab、Jupyter Notebook、Spyder 等软件，单击"Launch"按钮即可打开相应软件，其他软件单击"Install"按钮即可安装。

单击主页标签"Home"下方的"Enviroments"，显示如图 2-39 所示的 Anaconda 环境标签界面。通过此界面可以建立新的环境，并在该环境下添加相应的软件包或者进行软件的升级和删除，使用起来相当方便。

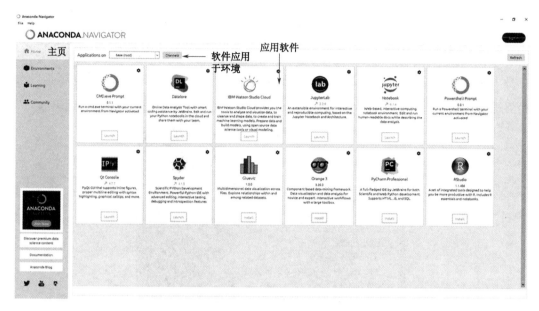

图 2-38　Anaconda 主页标签界面

图 2-39　Anaconda 环境标签界面

单击环境标签"Enviroments"下方的"Learning"，显示如图 2-40 所示的 Anaconda
学习标签界面，在这里可以了解 Navigator、Anaconda 平台和开放数据科学等信息。

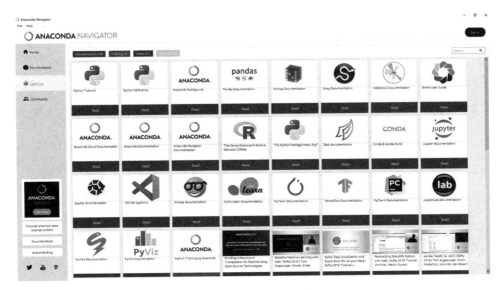

图 2-40　Anaconda 学习标签界面

单击学习标签"Learning"下方的"Community"，显示如图 2-41 所示的 Anaconda 社区标签界面，在这里可以了解 Navigator 相关的活动、免费支持的论坛和社交网络等信息。

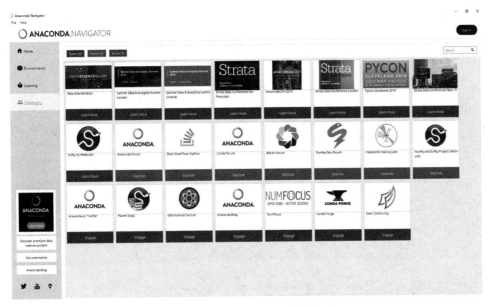

图 2-41　Anaconda 社区标签界面

接下来介绍用 Anaconda 环境标签和命令行分别创建一个虚拟环境，并安装相应软件包的过程。首先，打开 Anaconda 环境标签界面，如图 2-39 所示，单击界面中虚拟环境名下的"Create"按钮，弹出创建新虚拟环境对话框，如图 2-42 所示，在对话框中输入环境名"Python1"，Python 选择 3.8 版本，单击"Create"按钮。

图 2-42 创建新的虚拟环境

虚拟环境 Python1 创建完毕，在 Anaconda 环境标签界面中会显示其名称，同时显示虚拟环境下已安装的软件包，如图 2-43 所示。

图 2-43 虚拟环境 Python1

在虚拟环境 Python1 已安装的软件包中查找"numpy"，但未找到，这时选择如图 2-44 所示的"Not installed"，并搜索要安装的软件包"numpy"，界面中显示"numpy"软件包的相关信息，单击界面右下角的"Apply"按钮，弹出如图 2-45 所示的安装对话框，单击该对话框中的"Apply"按钮，进行"numpy"软件包的安装，图 2-46 显示虚拟环境 Python1 成功安装了"numpy"软件包。

图 2-44　搜索要安装的软件包

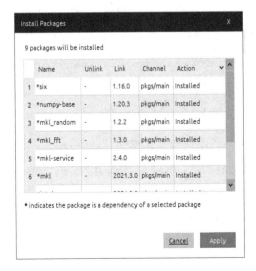

图 2-45　安装"numpy"软件包

图 2-46　成功安装"numpy"软件包

### ⊛ 2.2.3　PyCharm 的安装及使用

PyCharm 是由 JetBrains 打造的一款 Python 集成开发环境，集成开发环境是用于提供程序开发环境的程序，一般包括程序编辑器、编译器、调试器和图形用户界面等。PyCharm 除了拥有上述功能，还支持 Django 开发、Google App Engine 开发和 IronPython。下面介绍 PyCharm 的安装及使用步骤。

第一步，登录 PyCharm 官网，如图 2-47 所示。

官网上提供的 PyCharm 软件分为专业版和社区版，两者的区别在于专业版是收费的，社区版是免费的。专业版功能丰富，增加了 Web 开发、Python Web 框架、Python 分析器、远程开发、支持数据库和 SQL 等高级功能。初学者可以下载社区版。

第二步，双击 PyCharm 社区版软件安装包，弹出如图 2-48 所示的欢迎界面。

第三步，单击欢迎界面中的"Next"按钮，进入安装路径选择界面，如图 2-49 所示。

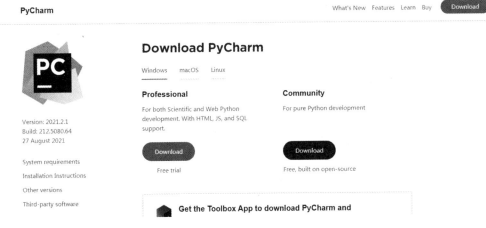

图 2-47　PyCharm 官网界面

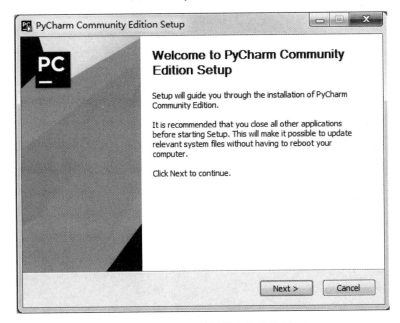

图 2-48　PyCharm 社区版安装欢迎界面

第四步，单击"Next"按钮，进入安装选项界面，按图 2-50 勾选相应的选项。

第五步，单击"Next"按钮，进入"Choose Start Menu Folder"界面，如图 2-51 所示，在这里可以设置"开始"菜单文件夹，默认文件夹为"JetBrains"，单击"Install"按钮，开始安装软件，如图 2-52 所示。

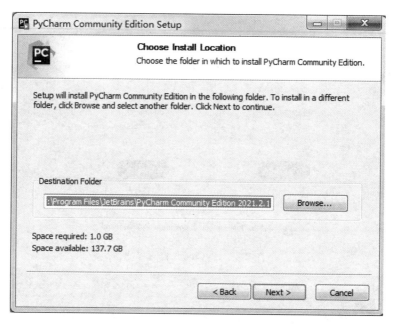

图 2-49　PyCharm 安装路径选择界面

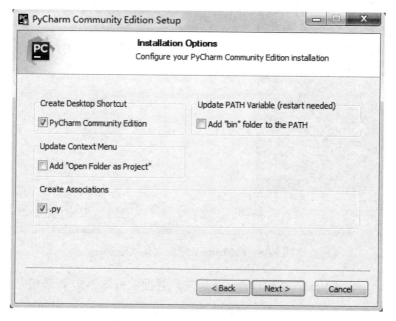

图 2-50　PyCharm 安装选项界面

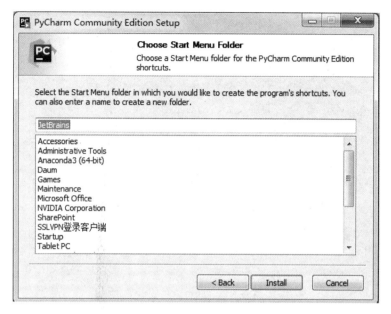

图 2-51　设置"开始"菜单文件夹

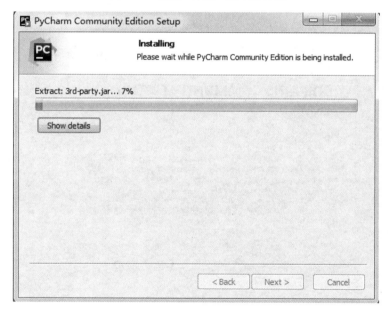

图 2-52　安装软件

第六步，安装完毕，单击"Finish"按钮，如图 2-53 所示。

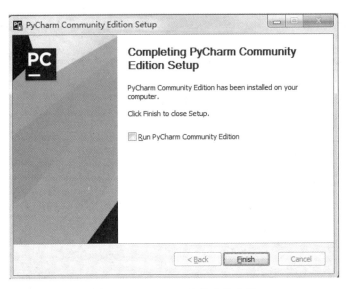

图 2-53　PyCharm 软件安装完毕

第七步，双击 PyCharm 图标打开软件，弹出 PyCharm 用户协议对话框，如图 2-54 所示，勾选同意协议内容，单击 "Continue" 按钮。

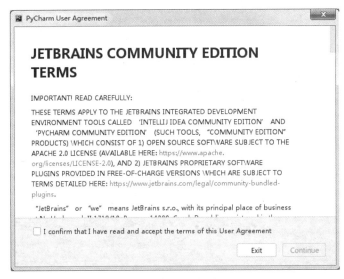

图 2-54　PyCharm 用户协议对话框

第八步，如图 2-55 所示，进入软件欢迎界面，单击 "New Project"，新建一个工程。

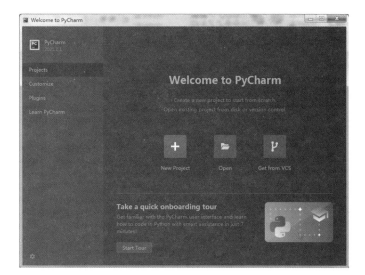

图 2-55　PyCharm 欢迎界面

第九步，如图 2-56 所示，在工程设置界面中设置新建工程的保存路径，以及 Python
解释器的存放路径和解释器名称。

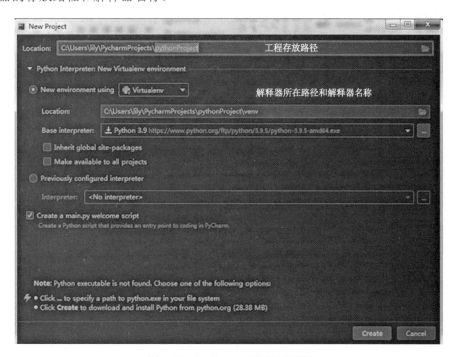

图 2-56　PyCharm 工程设置界面

第十步，单击"Create"按钮，进入软件主界面，如图 2-57 所示。

图 2-57　PyCharm 软件主界面

第十一步，单击菜单栏中的"File"→"New"，在弹出的对话框中选择文件类型为"Python file"，将文件命名为"first"，如图 2-58 所示。

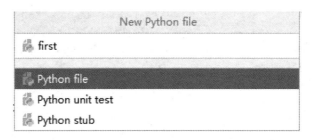

图 2-58　选择文件类型

第十二步，在命令编辑窗口中输入程序，如图 2-59 所示。输入程序后，单击菜单栏中的"Run"→"Run first"，运行程序，程序输出结果如图 2-60 所示。

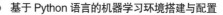

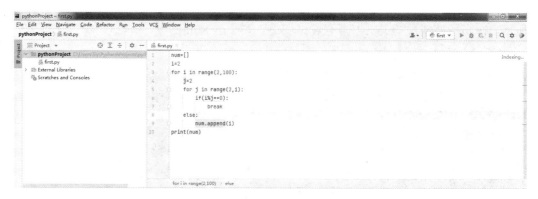

图 2-59　输入程序

图 2-60　程序输出结果

# 2.3　常见机器学习库函数功能介绍

## 2.3.1　基础科学计算库（NumPy）

NumPy 库是 Python 语言的一个扩展程序库，支持大量的数组和矩阵运算，其中包含一个强大的 $N$ 维数组对象 ndarray。ndarray 是存储单一数据类型的多维数组，它与 Python 数组的主要区别在于：数组大小固定和数组类型相同。NumPy 库具备强大的广播功能，便于矢量化数组操作。NumPy 库整合了 C/C++/FORTRAN 代码的工具包，具有线性代数、傅里叶变换、随机数生成等功能。

### 1．安装

Python 官网上的发行版是不包含 NumPy 库的，使用之前，首先要检查是否已安装 NumPy 库。在 Windows 系统任务栏搜索框中输入"CMD"，弹出命令行窗口，如图 2-61

所示，在光标处输入"pip list"，查看系统是否安装了 NumPy 库。

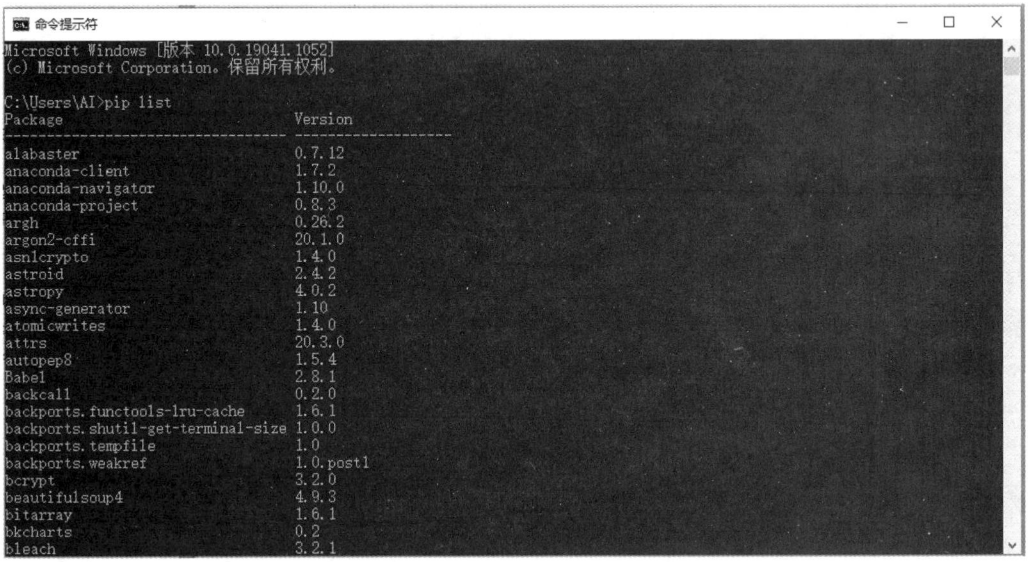

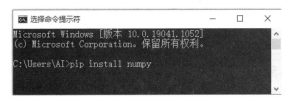

图 2-61 查看系统是否安装了 NumPy 库

如果没有安装，在命令行输入图 2-62 中的命令，即可进行 NumPy 库的安装。

图 2-62　NumPy 库安装命令

安装完毕，打开 Python，输入图 2-63 中的命令，如果能生成对角矩阵，则表示 NumPy 库安装成功。

如果计算机中安装了 PyCharm 软件，也可以在 PyCharm 中查看是否安装了 NumPy 库，具体操作步骤如下。

● 打开 PyCharm 软件，单击菜单栏中的"File"→"Settings"，弹出如图 2-64 所示的对话框。

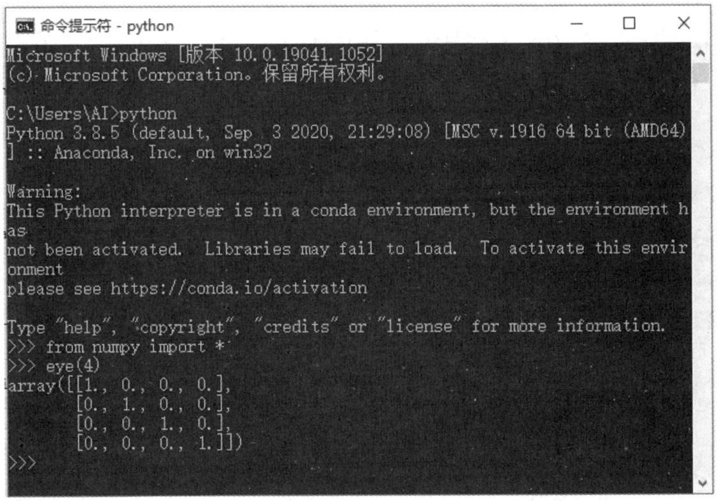

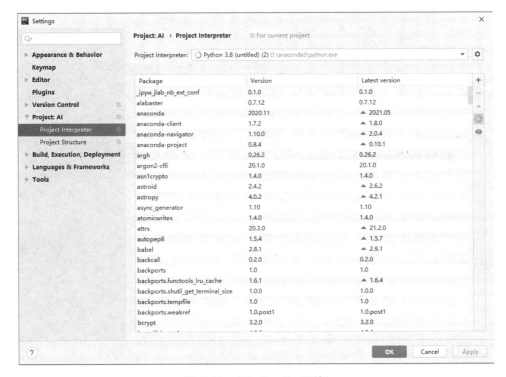

图 2-63　查看系统是否成功安装 NumPy 库

图 2-64　"Settings" 对话框

● 如图 2-65 所示，在 "Settings" 对话框中选择 "Project Interpreter" 在对话框的

空白处将显示已安装的库及对应版本号，单击右侧的"+"按钮，在弹出的对话框中搜索要添加库的名称，即可在线安装对应的库，如图 2-66 所示。

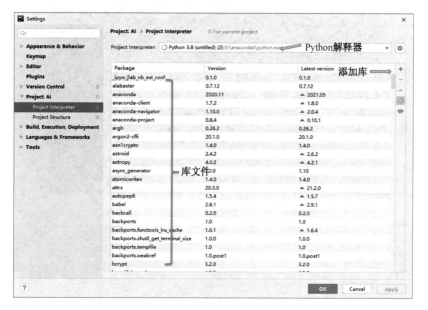

图 2-65　添加库

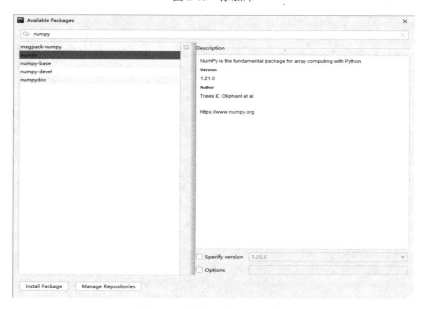

图 2-66　在线安装 NumPy 库

2．使用方法

安装了 NumPy 库后，编程时就可以调用 NumPy 库了，下面简单介绍 NumPy 库的使用方法。

1）创建数组

NumPy 库最重要的特点就是数组对象 ndarray，它用于存放同类型元素的多维数组，每个元素在内存中都有相同大小的存储区域，ndarray 由指向数据的指针 header、数据类型 dtype、描述数组形状的元组、跨度元组组成。数组除使用底层 ndarray 构造器来创建外，还可以用其他形式创建，示例代码如下。

```python
#数组的创建
#导入NumPy库
import numpy as np
#创建一个一维数组，元素类型为复数
a=np.array([1,2,3],dtype=complex)
#打印数组a
print("a=",a)
#创建一个3*3的空数组，元素类型为整型
b=np.empty([3,3],dtype=np.int)
#打印数组b
print("b=",b)
#创建一个3*3的全0数组，元素类型为整型
c=np.zeros([3,3],dtype=np.int)
#打印数组c
print("c=",c)
#创建一个3*3的全1数组，元素类型为整型
d=np.ones([3,3],dtype=np.int)
#打印数组d
print("d=",d)
#将列表e转换为ndarray，并打印数组f
e=[1,2,3]
f=np.asarray(e)
print("f=",f)
#将元组h转换为ndarray，并打印数组h
g=(1,2,3)
h=np.asarray(g)
print("h=",h)
```

```
#接收buffer输入参数，以流的方式读入并转化成ndarray对象，然后打印数组k
j=b'What is Python'
k=np.frombuffer(j,dtype='S1')
print("k=",k)
#创建一个从1到19、间隔为3的数组1，并打印数组1
l=np.arange(1,20,3)
print("l=",l)
#创建一个数组m，它是一个等差数列，包含5个元素，起始数为1，终止数为20
m=np.linspace(1,20,5)
print("m=",m)
```

上述程序运行结果如下。

```
a= [1.+0.j 2.+0.j 3.+0.j]
b= [[2128543860 1309500030 1661424176]
   [1988385690 1324770695      12290]
   [         0  805457654          0]]
c= [[0 0 0]
   [0 0 0]
   [0 0 0]]
d= [[1 1 1]
   [1 1 1]
   [1 1 1]]
f= [1 2 3]
h= [1 2 3]
k= [b'W' b'h' b'a' b't' b' ' b'i' b's' b' ' b'P' b'y' b't' b'h' b'o'
b'n']
l= [ 1  4  7 10 13 16 19]
m= [ 1.    5.75   10.5 15.25   20. ]
```

2）数组操作和数组运算

NumPy 库中包含了一些函数用于处理数组或进行数组运算，如修改数组形状、连接数组、分割数组、数组元素的添加和删除、数组的算术运算、数组的排序和筛选等，示例代码如下。

```
#数组操作
import numpy as np
#将一维数组a转换为5*2的二维数组b
a=np.arange(10)
print("a=",a)
```

```python
b=a.reshape(5,2)
print("b=",b)
#将3*4的二维数组c转换为4*3的二维数组d，即数组转置
c=np.arange(12).reshape(3,4)
print("c=",c)
d=np.transpose(c)
print("d=",d)
#将1*3的二维数组e广播到3*3的二维数组f
e=np.arange(3).reshape(1,3)
print("e=",e)
f=np.broadcast_to(e,(3,3))
print("f=",f)
#将2*3的二维数组g扩充为1*2*3和2*1*3的三维数组
g=np.array(([1,2,3],[4,5,6]))
h=np.expand_dims(g,axis=0)
i=np.expand_dims(g,axis=1)
print("h=",h)
print("i=",i)
#将两个2*2的二维数组连接成一个4*2的二维数组
j=np.array([[1,2],[3,4]])
k=np.array([[5,6],[7,8]])
l=np.concatenate((j,k),axis=0)
print("l=",l)
#将2*3的二维数组g添加元素，变为3*3的二维数组m
m=np.append(g,[[7,8,9]],axis=0)
print("m=",m)
```

上述程序运行结果如下。

```
a= [0 1 2 3 4 5 6 7 8 9]
b= [[0 1]
   [2 3]
   [4 5]
   [6 7]
   [8 9]]
c= [[ 0  1  2  3]
   [ 4  5  6  7]
   [ 8  9 10 11]]
d= [[ 0  4  8]
   [ 1  5  9]
```

```
       [ 2  6 10]
       [ 3  7 11]]
e= [[0 1 2]]
f= [[0 1 2]
   [0 1 2]
   [0 1 2]]
h= [[[1 2 3]
   [4 5 6]]]
i= [[[1 2 3]]
   [[4 5 6]]]
l= [[1 2]
   [3 4]
   [5 6]
   [7 8]]
m= [[1 2 3]
   [4 5 6]
   [7 8 9]]
```

下面是数组元素运算、字符串操作及算术运算示例代码。

```python
#数组运算
import numpy as np
#对数组中的元素进行与、或、非和左移、右移运算
a=8
b=5
c=np.bitwise_and(a,b)
print("c=",c)
d=np.bitwise_or(a,b)
print("d=",d)
e=np.invert(a)
print("e=",e)
f=np.left_shift(a,1)
g=np.right_shift(a,1)
print("f=",f)
print("g=",g)
#对数组中的字符串进行相应操作
print(np.char.add(['Python1  '],['Python2']))
print(np.char.multiply('Python ',3))
print(np.char.center('Python',20,fillchar='*'))
print(np.char.capitalize('Python'))
```

```
print(np.char.title('what is Python'))
print(np.char.lower('PYTHON'))
print(np.char.upper('what is Python'))
#数组的算术运算
h=np.array([[1,2,3],[4,5,6],[7,8,9]])
i=np.array([2,2,2])
print(np.add(h,i))
print(np.subtract(h,i))
print(np.multiply(h,i))
print(np.divide(h,i))
```

上述程序运行结果如下。

```
c= 0
d= 13
e= -9
f= 16
g= 4
['Python1 Python2']
Python  Python  Python
*******Python*******
Python
What Is Python
Python
WHAT IS PYTHON
[[ 3  4  5]
 [ 6  7  8]
 [ 9 10 11]]
[[-1  0  1]
 [ 2  3  4]
 [ 5  6  7]]
[[ 2  4  6]
 [ 8 10 12]
 [14 16 18]]
[[0.5 1.  1.5]
 [2.  2.5 3. ]
 [3.5 4.  4.5]]
```

以上简单介绍了 NumPy 库的使用方法，详细用法请参考官方网站。

## ⊙ 2.3.2 科学计算工具集（Scipy）

Scipy 库是一个开源的算法库和工具集，它依赖于 NumPy 库，包含最优化、线性代数、积分、插值、拟合、快速傅里叶变换、信号处理、图像处理、常微分方程求解等功能，通常应用于数学、工程学等领域。

### 1. 安装

首先要检查系统是否已安装 Scipy 库。在 Windows 系统任务栏搜索框中输入"CMD"，弹出命令行窗口，如图 2-67 所示，在光标处输入"pip list"，查看系统是否安装了 Scipy 库。

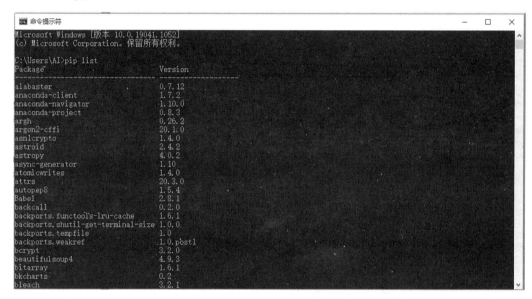

图 2-67　查看系统是否安装了 Scipy 库

结果显示系统已经安装了 Scipy 库，如图 2-68 所示。如果系统没有安装 Scipy 库，可在命令行输入如图 2-69 所示的命令进行安装。

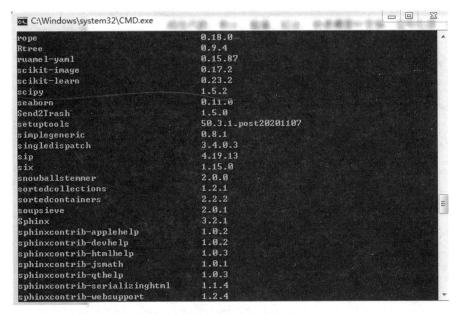

图 2-68　系统已经安装了 Scipy 库

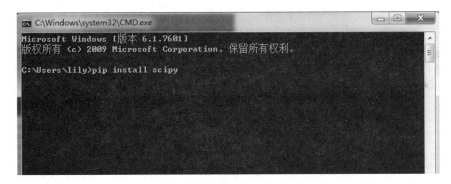

图 2-69　Scipy 库安装命令

安装完毕，打开 Python，输入图 2-70 中的命令，如果有输出值，则表示 Scipy 库安装成功。

Scipy 库也可以在 PyCharm 软件中进行安装，方法与上节中 NumPy 库的安装方法相同。

如果安装了 Anaconda 软件，也可以在 Anaconda 软件中安装 Scipy 库，具体操作步骤如下。

● 打开 Anaconda 软件，弹出如图 2-71 所示的界面。

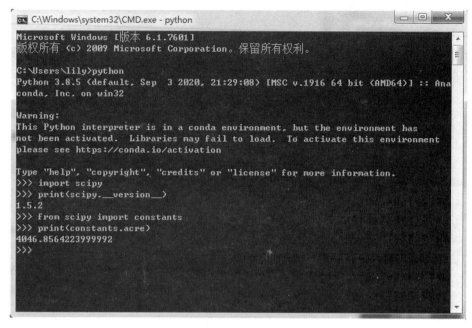

图 2-70　查看系统是否成功安装 Scipy 库

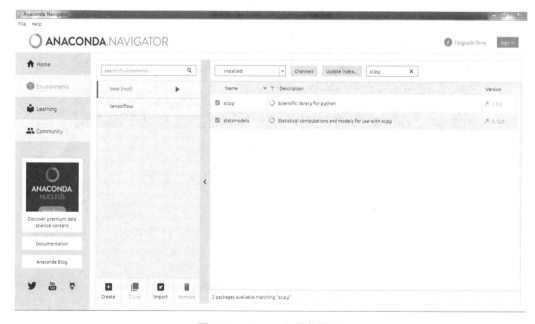

图 2-71　Anaconda 软件界面

● 在 Anaconda 软件界面中单击 "Environments" 标签,选择 Python 解释器所处的环境,右侧将显示该环境下所有已安装的库,如图 2-72 所示。

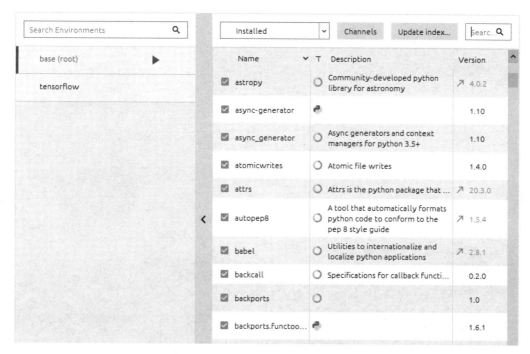

图 2-72 base(root)环境下已安装的库

● 如果在已安装的库中找不到 Scipy 库,可以通过搜索框搜索 Scipy 库,完成安装。

## 2. 使用方法

安装了 Scipy 库后,编程时就可以调用 Scipy 库了,下面简单介绍 Scipy 库的使用方法。Scipy 库中的 optimize 模块提供了常用的最优化算法函数实现,如求解线性方程 $y = x + \sin x$ 的根,函数图形如图 2-73 所示。

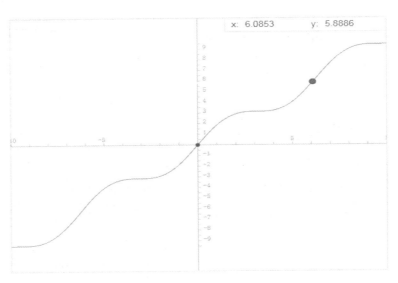

图 2-73　函数图形

下面是求解线性方程根的示例代码。

```
#Scipy库优化器
import numpy as np              #导入NumPy库
import scipy as sp             #导入Scipy库
import scipy.optimize as opt   #导入Scipy库的optimize模块
import matplotlib.pyplot as plt  #导入Matplotlib库的pyplot模块
def f(x):                      #定义函数f(x)
    return np.sin(x)+x
x=np.linspace(-10,10,1000)     #在区间[-10,10]上产生1000个等数字的行向量
y=f(x)                         #将函数f(x)赋给y
a=opt.bisect(f,-10,10)         #调用optimize模块中的bisect函数，求在
[-10,10]区间的根
print("线性方程y=sin(x)+x的根为：", a)    #显示线性方程的根
plt.plot(x,y)                           #画出函数f(x)的图形
plt.axhline(0,color='k')                #绘制平行于x轴的直线（就是x轴），颜色为
黑色
plt.xlim(-10,10)                        #设置x轴的显示范围为[-10,10]
plt.scatter(a,f(a),c='r',s=150)         #在图上标出根a，即红色的点
plt.show()                    #显示图形
```

上述程序运行结果如图 2-74 所示。

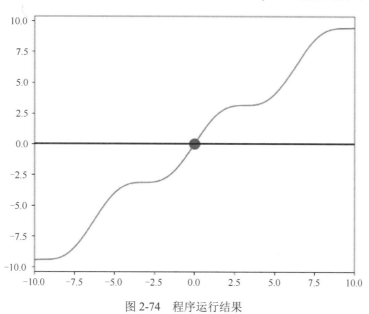

图 2-74    程序运行结果

下面使用 Scipy 库的 optimize 模块中的 minimize 函数，求解 $y = x^2 + x + 2$ 的最小值，示例代码如下。

```
#Scipy库最小化函数
import numpy as np                            #导入NumPy库
from scipy.optimize import minimize          #导入Scipy库的optimize模块中的
minimize函数
import matplotlib.pyplot as plt              #导入Matplotlib库的pyplot模块
def f(x):                                     #定义函数f(x)
    return x**2+x+2

a=minimize(f,0,method='BFGS')                 #调用minimize函数，求解f(x)的最小
值
x=np.linspace(-10,10,1000)                    #绘制f(x)图形，并在图形上标注最小值
y=f(x)
plt.plot(x,y)
plt.scatter(a.x,f(a.x),c='r',s=150)
plt.show()
print("函数的最小值为：",a.x)                  #打印函数的最小值
```

上述程序运行结果如图 2-75 所示。

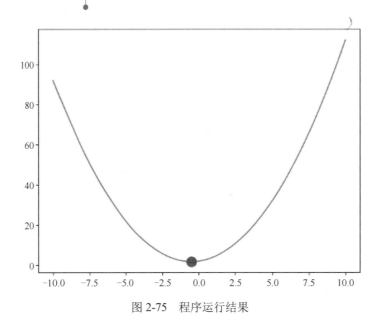

图 2-75　程序运行结果

以上简单介绍了 Scipy 库优化器函数的用法，其他详细用法请参考官方网站。

## ⊛ 2.3.3　数据分析库（Pandas）

Pandas 库是 Python 语言的一个扩展库，它具有强大的分析结构化数据的工具集，可以从各种文件中导入数据，对各种数据进行归并、成形、选择、清洗和加工等操作，Pandas 库被广泛应用于金融、统计、社会科学等领域。

### 1. 安装

首先要检查系统是否已安装 Pandas 库。在 Windows 系统任务栏搜索框中输入"CMD"，弹出命令行窗口，如图 2-76 所示，在光标处输入"pip list"，查看系统是否安装了 Pandas 库。

如果没有安装，在命令行输入如图 2-77 所示的命令，即可进行 Pandas 库的安装。

安装完毕，打开 Python，输入如图 2-78 所示的命令，如果有输出值，则表示 Pandas 库安装成功。

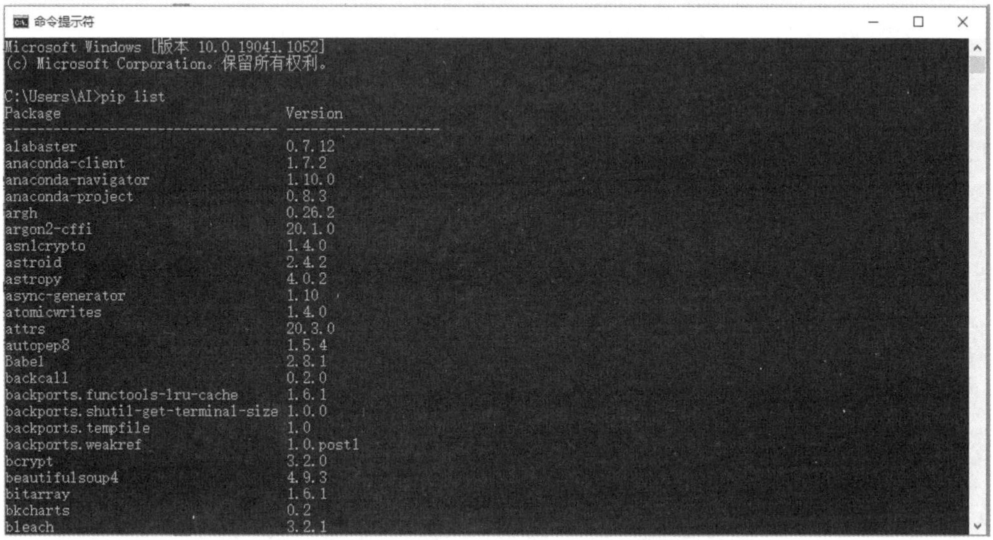

图 2-76　查看系统是否安装了 Pandas 库

图 2-77　Pandas 库安装命令

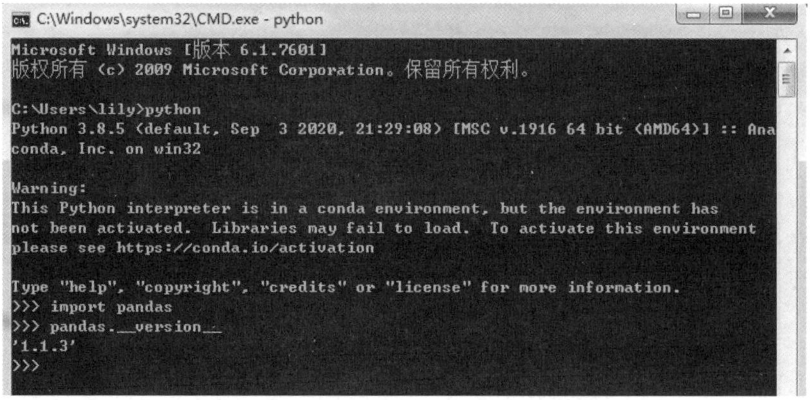

图 2-78　查看系统是否成功安装 Pandas 库

## 2. 使用方法

下面通过示例对 Pandas 库的基本命令进行讲解，详细命令请参考官方网站。

```python
#Pandas库应用举例
import numpy as np      #导入NumPy库
import pandas as pd     #导入Pandas库
data={"name":["Tom","Jack","Mike","Mary","Bob","Alice","Betty","Helen","David","John"],"age":[18,19,20,21,18,22,18,17,23,21],"city":["BeiJing","ShangHai","BeiJing","ShenZhen","ChongQing","GuangZhou","ChangSha","WuHan","JiNan","NanJing"]}        #使用ndarray创建DataFrame
user=pd.DataFrame(data)      #将DataFrame命名为user
user["sex"]="male"           #在DataFrame中加上一列，表头为sex，内容为male
print(user)                  #打印user
user.to_csv('user.csv')      #将数据保存为user.csv格式
print(user.describe())       #获取user的统计指标
print(user.name)             #打印表格name列
print(user.loc[2])           #打印表格第二行
print(user.head(2))          #打印表格头两行
print(user.tail(2))          #打印表格尾两行
print(user.age.max())        #打印表格age列中最大值
print(user.age.cumsum())     #打印表格age列中累加值
print(user.sort_values(by='age'))     #打印表格，按年龄由小到大排列
user.loc[2,'age']=22         #将表格中第二行年龄改为22
print(user)                  #打印user
```

上述程序运行结果如下。

```
#打印user
Index  name   age    city       sex
0      Tom    18     BeiJing    male
1      Jack   19     ShangHai   male
2      Mike   20     BeiJing    male
3      Mary   21     ShenZhen   male
4      Bob    18     ChongQing  male
5      Alice  22     GuangZhou  male
6      Betty  18     ChangSha   male
7      Helen  17     WuHan      male
8      David  23     JiNan      male
9      John   21     NanJing    male
#获取user的统计指标
```

```
          age
count  10.000000
mean   19.700000
std     2.002776
min    17.000000
25%    18.000000
50%    19.500000
75%    21.000000
max    23.000000
#打印表格name列
0     Tom
1     Jack
2     Mike
3     Mary
4     Bob
5     Alice
6     Betty
7     Helen
8     David
9     John
Name: name, dtype: object
#打印表格第二行
name      Mike
age         20
city    BeiJing
sex        male
Name: 2, dtype: object
#打印表格头两行
    name  age     city   sex
0   Tom   18   BeiJing  male
1   Jack  19   ShangHai male
#打印表格尾两行
    name   age     city    sex
8   David  23    JiNan   male
9   John   21    NanJing male
#打印表格age列中最大值
23
#打印表格age列中累加值
```

```
0    18
1    37
2    57
3    78
4    96
5    118
6    136
7    153
8    176
9    197
Name: age, dtype: int64
```
#打印表格，按年龄由小到大排列
```
     name   age       city   sex
7    Helen  17       WuHan   male
0    Tom    18      BeiJing  male
4    Bob    18    ChongQing  male
6    Betty  18     ChangSha  male
1    Jack   19     ShangHai  male
2    Mike   20      BeiJing  male
3    Mary   21     ShenZhen  male
9    John   21      NanJing  male
5    Alice  22    GuangZhou  male
8    David  23        JiNan  male
```
#将表格中第二行年龄改为22，打印user
```
     name   age       city   sex
0    Tom    18      BeiJing  male
1    Jack   19     ShangHai  male
2    Mike   22      BeiJing  male
3    Mary   21     ShenZhen  male
4    Bob    18    ChongQing  male
5    Alice  22    GuangZhou  male
6    Betty  18     ChangSha  male
7    Helen  17       WuHan   male
8    David  23        JiNan  male
9    John   21      NanJing  male
```

生成的 user.csv 文件内容如图 2-79 所示。

图 2-79　user.csv 文件内容

## ⊙ 2.3.4　图形绘制库（Matplotlib）

Matplotlib 库是 Python 的绘图库，可以绘制线图、等高线图、条形图、柱状图、3D 图等各种静态、动态和交互式图形。pyplot 是 Matplotlib 库的子库，它包含一系列绘图的相关函数，在使用前导入 pyplot，就可以进行常规的绘图操作。

### 1. 安装

Matplotlib 库的安装方法与 NumPy 库、Scipy 库和 Pandas 库相同，首先在 Windows 系统任务栏搜索框中输入"CMD"，弹出命令行窗口，然后在光标处输入"pip list"，查看系统是否安装了 Matplotlib 库。如图 2-80 所示，系统已安装 Matplotlib 库，如果没有安装，可以参考前面其他库的安装方法进行安装。

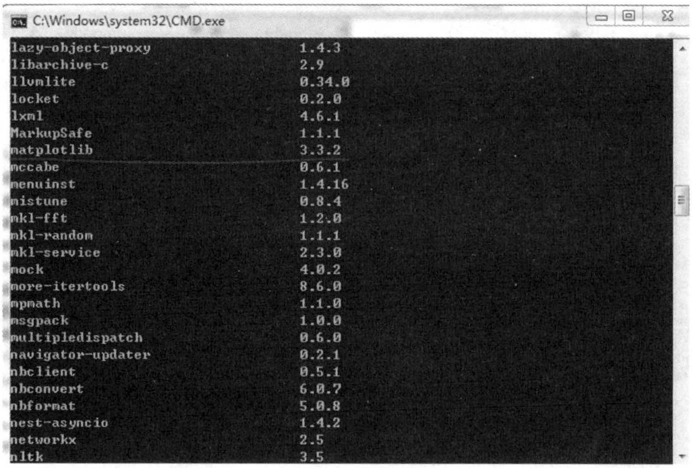

图 2-80　系统已安装 Matplotlib 库

### 2. 使用方法

下面通过示例对 Matplotlib 库的基本命令进行讲解，详细命令参见官方网站。

```
import matplotlib.pyplot as plt        #导入Matplotlib库
data={'cat':4,"horse":13,'dog':6,'rabbit':15,'cow':21}    #定义字典
data

names=list(data.keys())                      #提取字典data中的关键字，赋给names
values=list(data.values())                   #提取字典data中的值，赋给values
fig,axs=plt.subplots(1,3,figsize=(9,3),sharey=True)        #定义fig，其
中包含3个子图，图纸大小为9*3，并建立子图axs
axs[0].bar(names,values)                      #子图0绘制柱形图
axs[1].scatter(names,values)                  #子图1绘制散点图
axs[2].plot(names,values)                     #子图2绘制线图
fig.suptitle('Categorical Plotting')          #定义图标题
plt.show()                                    #显示图形
```

上述程序运行结果如图 2-81 所示。

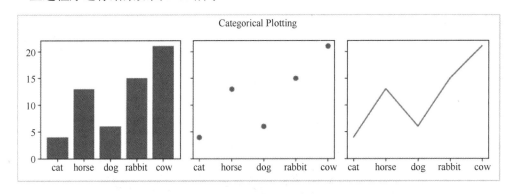

图 2-81　程序运行结果

## ⊚ 2.3.5　机器学习常用算法库（Scikit-learn）

Scikit-learn 库是一个开源机器学习算法库，涵盖了几乎所有机器学习算法，支持分类、回归、降维、聚类、模型选择及预处理等算法。同时，Scikit-learn 库内置了大量数据集，其中数据集库 datasets 提供了不同的数据集，主要包括玩具数据集、样本图片、样本生成器等，这些小型标准数据集被内置于 Scikit-learn 库中，不需要下载任何文件，从而节省了获取和整理数据集的时间。

## 1. 安装

安装 Scikit-learn 库之前，要检查系统是否已经成功安装 NumPy 库、Scipy 库和 Matplotlib 库，因为 Scikit-learn 库是基于 NumPy 库、Scipy 库和 Matplotlib 库构建的，所以安装 Scikit-learn 库之前，要先安装其他库。在 Windows 系统任务栏搜索框中输入 "CMD"，弹出命令行窗口，在光标处输入 "pip list"，查看系统是否安装了 Scikit-learn 库。如果没有安装，在命令行输入如图 2-82 所示的命令，即可进行 Scikit-learn 库的安装。

图 2-82　Scikit-learn 库安装命令

安装完毕，在命令行输入如图 2-83 所示的命令，将显示 Scikit-learn 库的安装路径和安装版本。

图 2-83　Scikit-learn 库的安装路径及安装版本

## 2. 使用方法

下面列举一个利用 Scikit-learn 库实现线性回归的例子，此例子使用 diabetes 的糖尿病数据集，程序如下所示，更多详细用法参见官方网站。

```
import matplotlib.pyplot as plt          #导入Matplotlib库
import numpy as np                       #导入NumPy库
from sklearn import datasets, linear_model    #导入sklearn库中的datasets
和linear_model模块
from sklearn.metrics import mean_squared_error, r2_score    #导入
sklearn.metrics模块中计算均方误差和计算回归的决定系数的两个函数
diabetes_X, diabetes_y = datasets.load_diabetes(return_X_y=True)  #
导入糖尿病数据集
diabetes_X = diabetes_X[:, np.newaxis, 2]   #为糖尿病数据集增加一个维度，
得到一个体质指数的数组
diabetes_X_train = diabetes_X[:-20]          #将数据划分为训练集
diabetes_X_test = diabetes_X[-20:]           #将数据划分为测试集，后20个样本
diabetes_y_train = diabetes_y[:-20]          #将目标划分为训练集
diabetes_y_test = diabetes_y[-20:]           #将目标划分为测试集，后20个样本
regr = linear_model.LinearRegression()       #回归训练
regr.fit(diabetes_X_train, diabetes_y_train) #回归训练
diabetes_y_pred = regr.predict(diabetes_X_test)   #测试集预测目标
print('Coefficients: \n', regr.coef_)                         #计算回归
系数
print('Mean squared error: %.2f'% mean_squared_error(diabetes_y_test,
diabetes_y_pred))    #计算均方差
print('Coefficient of determination: %.2f' % r2_score(diabetes_y_test,
diabetes_y_pred))    #计算决定系数

#绘图
plt.scatter(diabetes_X_test, diabetes_y_test,  color='black')
plt.plot(diabetes_X_test, diabetes_y_pred, color='blue', linewidth=3)
plt.xticks(())
plt.yticks(())
plt.show()
```

上述程序运行结果如图 2-84 所示。

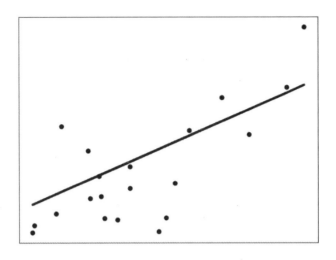

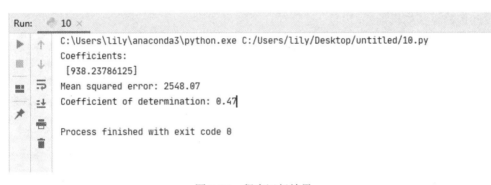

图 2-84　程序运行结果

# 本章小结

　　通过本章的学习，读者应了解机器学习的常用开发语言和开发工具，掌握最基本的机器学习开发软件的安装与使用，如 Python、Anaconda、PyCharm 等，只有熟练使用这些软件，才能为后续的学习打下坚实的基础。本章还介绍了常见的机器学习库的安装及使用方法，机器学习中有很多函数不需要自己编写，直接拿来使用即可，因此熟悉常见库函数的使用方法，可以提高机器学习程序的编写效率。

# 习　题

## 一、填空题

1．目前主流的机器学习开发语言有_____、_____、_____、_____和_____。

2．Python 是一种_____语言，可以边编译边执行，这使得 Python 更加易于移植。

3．常见的机器学习框架有_____、_____、_____、_____、_____、_____等。

4．2009 年，"神经网络之父""深度学习鼻祖"_____提出了一个实现广义反向传播算法的框架。

5．在 TensorFlow 数据流图中，圆、椭圆或方框表示_____，它代表数学操作，或者数据的输入和输出，或者变量的读取和写入；_____代表节点之间的输入与输出关系，它就是节点间相互联系的多维数组，即_____。训练模型时，张量会从数据流图中的一个节点流向另一个节点。

6．在 TensorFlow 中，节点分为三种，分别是_____、_____、_____。

7．PyTorch 是一个基于 Torch 的 Python 开源机器学习库，它不仅能够实现_____加速，还支持_____。

8．使用 Keras 搭建一个神经网络有 5 个步骤，分别是_____、_____、_____、_____、_____。

9．2020 年，中国迎来了机器学习框架的集中爆发，清华大学的_____、旷视的_____和华为的_____先后问世。

10．NumPy 库是 Python 语言的一个扩展程序库，支持大量的数组和矩阵运算，其中包含一个强大的 $N$ 维数组对象_____。

11．ndarray 由_____、_____、_____、_____组成。

12．Scipy 库中的_____模块提供了常用的最优化算法函数实现。

13. Pandas 库是 Python 语言的一个扩展库，它具有强大的分析结构化数据的工具集，可以对各种数据进行_____、_____、_____、_____和_____等操作。

14. Matplotlib 库是 Python 的绘图库，可以绘制_____、_____、_____、_____、3D 图等各种静态、动态和交互式图形。

15. Scikit-learn 库是一个开源机器学习算法库，涵盖了几乎所有机器学习算法，支持_____、_____、_____、_____、模型选择及预处理等算法。

二、单项选择题

1. 下列不属于机器学习开发语言的是（      ）。

    A．C++                B．R

    C．Java              D．汇编语言

2. 下列不属于机器学习框架的是（      ）。

    A．TensorFlow        B．Keras

    C．RNN              D．Caffe

3. 下列说法错误的是（      ）。

    A．TensorFlow 是一个采用数据流图，用于数值计算的开源软件库

    B．张量就是一个数据容器，它可以用来表示数字、向量、矩阵等基本数据，还可以表示时间序列、图像、视频等复杂的数据集

    C．TensorFlow 是用 R 实现的，用 Python 封装的

    D．使用 TensorFlow 时会在图中创建各种节点，节点分为三种

4. NumPy 库中创建全 0 矩阵使用（      ）。

    A．zeros             B．ones

    C．empty           D．arange

5. NumPy 库中向量转成矩阵使用（      ）。

    A．reshape         B．reval

    C．arange         D．random

6. 下列说法不正确的是（      ）。

A．Anaconda 就是一个软件包集合，里面预装了 conda、某个版本的 Python、其他软件包和科学计算工具等

B．conda 是一个工具、一个可执行命令，其主要功能是包管理和环境管理

C．Anaconda 发行版本中包含桌面图形用户界面（GUI），可以轻松管理 conda 程序包、环境和通道，而无须使用命令行命令

D．Anaconda 是由 Google 公司开发和发行的，可以免费使用

7．使用 Pandas 库时需要导入（    ）。

A．import numpy as np

B．import pandas as pd

C．import matplotlib

D．import sys

8．下列代码的运行结果是（    ）。

Import numpy as np

a=np.arange(12).reshape(3,4)

print(a.mean)

A．[4,5,6,7]

B．16.5

C．5.5

D．[1.5,5.5,9.5]

9．下列说法正确的是（    ）。

A．Scikit-learn 库不支持分类、回归、降维、聚类、模型选择及预处理等算法

B．安装 Scikit-learn 库之前，不需要安装 NumPy 库、Scipy 库和 Matplotlib 库

C．Scikit-learn 库是一个开源机器学习库，涵盖了几乎所有机器学习算法

D．Scikit-learn 库内置了少量的数据集，其中数据集库 datasets 提供数据集

10．（    ）函数可以实现画布的创建。

A．subplots()

B．add_subplot()

C．figure()

D．subplot2grid()

### 三、问答题

1．描述 PyCharm 软件的安装步骤及使用过程。

2．常见的机器学习框架有哪些？它们各有什么特点？

# 第 3 章

# 监督学习

 **内容梗概**

小时候你是否也有这样的经历呢？父母教你看图说话、识字辨物，他们拿出图片或者实物，告诉你这是苹果，那是橘子，苹果有什么样的特征，橘子又有什么样的特征。当你错误地判断苹果和橘子的时候，父母会指出错误并纠正，在父母的监督下，你最终认识了苹果和橘子。

2020 年全球爆发新型冠状病毒肺炎疫情，确诊人数和待诊人数快速增长，这让一线医生面临巨大压力，而且超负荷工作，影响了医生诊断效率和准确率。大量病人候诊时造成的拥挤，增大了健康人群的感染风险。因此，人们开发出新型冠状病毒肺炎 CT 影像 AI 筛查系统，让计算机影像诊断模块学习上千例新型冠状病毒肺炎病例数据，实现快速确诊，用 AI 助力抗击疫情。

上述两个例子都是典型的监督学习，不管是小朋友还是计算机在学习的过程中都需要有人监督。本章将介绍常见的监督学习算法的原理及应用。

 **学习重点**

1. 掌握线性回归算法的基本原理，能熟练使用线性回归算法解决线性预测问题。

2. 掌握决策树算法的基本原理，能应用 ID3 算法、CART 算法、C4.5 算法解决实际应用问题。

3. 掌握 $k$ 近邻算法的基本原理，能应用 $k$ 近邻算法解决分类问题。

4. 掌握支持向量机算法的基本原理。

# 3.1 线性回归算法

线性回归本来是数理统计中的概念，它是确定两种或两种以上变量间相互依赖的定量关系的一种统计方法。在回归分析中，如果只有一个自变量和一个因变量，且二者之间的关系可以用一条直线来近似表示，则称为一元线性回归分析。如果回归分析中包含两个或者两个以上自变量，且因变量和自变量之间是线性关系，则称为多元线性回归分析。

目前线性回归被应用于机器学习中，如果两个或两个以上变量之间存在"线性"关系，就可以通过历史数据找到变量之间的"关系"，建立一个有效的模型来预测未来的变量结果。

建立模型后，如何评价线性回归数学模型的好坏呢？损失函数是评价数学模型优劣的标准。在机器学习中有以下几个常用的概念：损失函数（Loss Function）、代价函数（Cost Function）、目标函数（Object Function）。

损失函数：定义单个样本，计算的是一个样本的偏差，用来估计模型预测值 $f(x)$ 和真实值 $Y$ 之间的差别，通常用 $L(Y, f(x))$ 来表示。

代价函数：定义整个样本集，计算所有样本的误差平均值。损失函数和代价函数实质上是一样的。

目标函数：比损失函数和代价函数范围更广，也就是代价函数＋正则化项。

度量机器学习模型好坏的损失函数越小，表示模型的拟合度越好，但这并不意味着损失函数越小，对应的机器学习模型就越好。如图 3-1 所示的三张图中，右图中的曲线拟合度最好，但这个数学模型的复杂度最高，预测新的数据不一定最准确，容易产生过拟合。

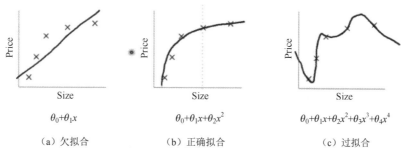

（a）欠拟合　　　　　　（b）正确拟合　　　　　　（c）过拟合

图 3-1　数据拟合

## ⊙ 3.1.1　常用损失函数

机器学习中常用的损失函数有均方差损失函数（Mean Squared Loss Function）、平均绝对误差损失函数（Mean Absolute Error Loss Function）、分位数损失函数（Quantile Loss Function）、交叉熵损失函数（Cross Entropy Loss Function）、合页损失函数（Hinge Loss Function）等。

### 1. 均方差损失函数

均方差损失函数计算预测值和真实值之间的欧氏距离，预测值与真实值越接近，均方差就越小，它是机器学习中回归任务常用的一种损失函数，其基本形式如下：

$$J_{\text{MSE}} = \frac{1}{N} \sum_{i=1}^{N} (y_i - \widehat{y_i})^2 \tag{3-1}$$

式中，$y_i$ 为训练样本真实值，$\widehat{y_i}$ 为训练样本模型预测值，$N$ 为训练样本个数，公式中的平方是为了避免样本误差的正负抵消和惩罚项过大。

### 2. 平均绝对误差损失函数

平均绝对误差损失函数计算预测值和真实值之间差异绝对值之和，它是机器学习中常用的另一种损失函数，其基本形式如下：

$$J_{\text{MAE}} = \frac{1}{N} \sum_{i=1}^{N} \left| y_i - \widehat{y_i} \right| \tag{3-2}$$

对比均方差损失函数和平均绝对误差损失函数，均方差损失函数比平均绝对误差损失函数收敛更快，但平均绝对误差损失函数对于离群值更加健壮，不受离群值影响。

### 3. 分位数损失函数

回归算法的目标是拟合目标值的期望或者中位数，均方差损失函数回归期望值，平均绝对误差损失函数回归中位数，而分位数回归是通过给定不同的分位点，拟合目标值的不同分位数。分位数损失函数的表达式如下：

$$J_{\text{quant}} = \frac{1}{N} \sum_{i=1}^{N} \prod_{\widehat{y_l} \geq y_l} (1-r) \left| y_i - \widehat{y_l} \right| + \prod_{\widehat{y_l} < y_i} r \left| y_i - \widehat{y_l} \right| \tag{3-3}$$

分位数损失函数是一个分段函数，将 $\widehat{y_l} \geq y_i$ 和 $\widehat{y_l} < y_i$ 两种情况分开，分别赋予不同的系数。当 $r = 0.5$ 时，式（3-3）就等同于平均绝对误差损失函数。

### 4. 交叉熵损失函数

上面三个损失函数均适合解决机器学习中的回归问题，交叉熵损失函数则适合解决机器学习中的分类问题，特别是用神经网络处理分类问题时，经常使用交叉熵损失函数。在二分类问题中，模型最后预测的结果只有两种，如果一个类别预测得到的概率为 $p$，另一个类别预测的结果就为 1-$p$，此时交叉熵损失函数的表达式如下：

$$J_{\text{CE}} = -\sum_{i=1}^{N} \left( y_i \log p_i + (1 - y_i) \log (1 - p_i) \right) \tag{3-4}$$

式中，$y_i$ 表示样本 $i$ 的标签，正类为 1，负类为 0；$p_i$ 表示样本 $i$ 预测为正类的概率。

对于多分类问题，交叉熵损失函数的表达式如下：

$$J_{\text{CE}} = -\sum_{i} \sum_{c=1}^{M} y_{ic} \log p_{ic} \tag{3-5}$$

式中，$M$ 代表类别的数量，$y_{ic}$ 表示符号函数，$p_{ic}$ 表示样本 $i$ 属于类别 $c$ 的预测概率。

### 5. 合页损失函数

合页损失函数的图形像一个合页，故由此得名。这种损失函数主要用于支持向量机算法中，主要解决二分类问题。合页损失函数公式如下：

$$J_{\text{hinge}} = \sum_{i=1}^{N} \max(0, 1 - \text{sgn}(y_i) \widehat{y_i}) \tag{3-6}$$

## ⊛ 3.1.2　最小二乘法

最小二乘法是勒让德（A.M.Legendre）于 1805 年在著作《计算彗星轨道的新方法》中提出的。其主要思想就是通过求解模型未知参数，使模型的理论值和观察值之差的平方和达到最小。

在散点图中，如果散点大致分布在一条直线的附近，则称这两个变量$(x,y)$之间存在线性相关性，这条直线就叫做回归直线，设此直线方程如下：

$$\hat{y} = wx + b \tag{3-7}$$

式中，$\hat{y}$ 为 $x$ 取值时对应的观察值，$y$ 为散点图上 $x$ 取值时对应的真实值，$w$ 和 $b$ 为要确定的未知参数。

因为这条直线满足所有样本点到这条直线的距离最小，所以选点到直线的垂直距离来刻画各点与直线的最小距离的偏差。

$$D = \sum_{i=1}^{n} \left( y_i - \widehat{y_i} \right) \tag{3-8}$$

式（3-8）表示所有散点到直线垂直距离之和，又称残差和，距离有正有负，相互抵消，可以将式（3-8）改为如下形式：

$$D = \sum_{i=1}^{n} \left| y_i - \widehat{y_i} \right| \tag{3-9}$$

式（3-9）中的绝对值计算比较复杂，因此将其改为如下形式：

$$D = \sum_{i=1}^{n} \left( y_i - \widehat{y_i} \right)^2 \tag{3-10}$$

将式（3-7）代入式（3-10）可得：

$$D = \sum_{i=1}^{n} \left( y_i - wx_i - b \right)^2 \tag{3-11}$$

式（3-11）除以样本数 $N$，就是式（3-1）中的均方差损失函数，其中 $x_i$ 和 $y_i$ 已知，要使均方差损失函数最小，就得确定参数 $w$ 和 $b$ 的值。

式（3-11）是关于参数 $w$ 和 $b$ 的二元二次方程，根据二元二次函数的最大值和最小值处的一阶导数为 0 的原理，对式（3-11）中的参数 $w$ 和 $b$ 求一阶偏导数并令其等于 0，得到以下公式：

$$\frac{\partial D}{\partial w} = \sum_{i=1}^{n} 2(-x_i)(y_i - b - wx_i)$$

$$= -2\left(\sum_{i=1}^{n} x_i y_i - b\sum_{i=1}^{n} x_i - w\sum_{i=1}^{n} x_i^2\right) = 0 \quad\quad （3\text{-}12）$$

$$\frac{\partial D}{\partial b} = \sum_{i=1}^{n} 2(-1)(y_i - b - wx_i)$$

$$= -2\left(\sum_{i=1}^{n} y_i - nb - w\sum_{i=1}^{n} x_i\right) = 0 \quad\quad （3\text{-}13）$$

令 $n\overline{x} = \sum_{i=1}^{n} x_i$，$n\overline{y} = \sum_{i=1}^{n} y_i$，式（3-12）和式（3-13）转换为如下形式：

$$\begin{cases} n\overline{y} - nb - wn\overline{x} = 0 \\ \sum_{i=1}^{n} x_i y_i - b\sum_{i=1}^{n} x_i - w\sum_{i=1}^{n} x_i^2 = 0 \end{cases} \quad\quad （3\text{-}14）$$

求解式（3-14）得：

$$\begin{cases} b = \overline{y} - w\overline{x} \\ w = \dfrac{\sum\limits_{i=1}^{n} x_i y_i - \overline{y}\sum\limits_{i=1}^{n} x_i}{\sum\limits_{i=1}^{n} x_i^2 - \overline{x}\sum\limits_{i=1}^{n} x_i} = \dfrac{\sum\limits_{i=1}^{n}(x_i - \overline{x})(y_i - \overline{y})}{\sum\limits_{i=1}^{n}(x_i - \overline{x})^2} \end{cases} \quad\quad （3\text{-}15）$$

将已知样本 $(x_1, y_1), \ldots, (x_n, y_n)$ 代入式（3-15）即可求得拟合直线方程的参数 $w$ 和 $b$，从而确定直线方程。以上就是最小二乘法的公式推导过程。

## ⊙ 3.1.3　梯度下降法

一元线性回归问题被转化为寻找参数 $w$ 和 $b$，使得均方差损失函数获得最小值。最小二乘法利用函数最小值处的导数为 0，求出参数 $w$ 和 $b$。而下面将介绍另一种方法来找到函数的最小值，这种方法就是梯度下降法。

梯度下降法的基本思路可以类比成下山的过程，假设一个人想从山顶到达山谷，最快的办法就是以当前所处的位置为准，寻找这个位置最陡峭的地方，然后朝着山的高度下降的地方走，每走一段距离后就重复这种方法，最后就能到达山谷。梯度下降法的思路已确定，具体实现需要解决两个问题，一是每次下降的方向如何确定，二是每次下降的步长是多少。下面将介绍梯度下降法的公式推导过程。

假设 $f(x)$ 为连续可微函数，从函数曲线上某点 $(x_1, f(x_1))$ 开始，沿如图 3-2 所示的方向向函数曲线最低处移动。

图 3-2 中函数曲线上的下一点 $x^{t+1}$ 是由上一点 $x^t$ 沿某一方向移动一小步 $\Delta x$ 得到的，对于函数 $f(x)$，$x$ 存在两个方向，要么是正方向($\Delta x > 0$)，要么是负方向($\Delta x < 0$)。根据泰勒级数展开公式：

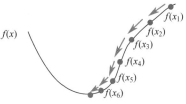

图 3-2　梯度下降法

$$f(x + \Delta x) \cong f(x) + \Delta x \nabla f(x) \tag{3-16}$$

式（3-16）表示 $f(x + \Delta x)$ 近似等于 $f(x)$ 加上 $\Delta x \nabla f(x)$，要使 $f(x + \Delta x) < f(x)$，即：

$$\Delta x \nabla f(x) < 0 \tag{3-17}$$

令 $\Delta x = -\alpha \nabla f(x)$，其中 $\alpha > 0$，则 $\Delta x \nabla f(x) = -\alpha \nabla f(x)^2 < 0$，即函数 $f(x)$ 由当前 $x$ 移动一小步 $\Delta x = -\alpha \nabla f(x)$ 时，可保证公式 $f(x + \Delta x) < f(x)$ 成立，函数向着其最小值移动。

梯度下降法的公式如下：

$$x^{t+1} \leftarrow x^t - \alpha \nabla f(x) \tag{3-18}$$

函数沿着负梯度方向移动一小步，可保证 $f(x + \Delta x) < f(x)$，函数向着其最小值移动。

假设一元线性回归函数为 $y = wx + b$，同式（3-7），损失函数为 $D = \dfrac{1}{2m} \sum_{i=1}^{m} (y_i - wx_i - b)^2$，基本同式（3-11），这时 $w$ 和 $b$ 为未知参数，将损失函数 $D$ 分别对 $w$ 和 $b$ 求偏导数：

$$\frac{\partial D}{\partial w} = \frac{1}{m} \sum_{i=1}^{m} (x_i)(wx_i + b - y_i) \tag{3-19}$$

$$\frac{\partial D}{\partial b} = \frac{1}{m} \sum_{i=1}^{n} (wx_i + b - y_i) \tag{3-20}$$

对 $w$ 和 $b$ 两个参数进行更新，更新公式如下：

$$w = w - \alpha \frac{\partial D}{\partial w} \tag{3-21}$$

$$b = b - \alpha \frac{\partial D}{\partial b} \tag{3-22}$$

梯度下降法具体步骤：

（1）确定学习率（步长）$\alpha$ 的值，以及直线方程参数 $w$ 和 $b$ 的初始值。

（2）计算损失函数对参数 $w$ 和 $b$ 的偏导数。

（3）将参数代入偏导数中计算出梯度。

（4）用步长乘以梯度，并对参数 $w$ 和 $b$ 进行更新。

（5）重复第 2～4 步，直到迭代结束。

## ⊙ 3.1.4　线性回归算法实例

在介绍完线性回归的最小二乘法和梯度下降法后，下面将以具体的实例进一步介绍这两种算法的 Python 代码实现。

假设某省 10 年内货运量和工业总产值的数据如表 3-1 所示，试求出工业总产值与货运量之间的函数关系。

表 3-1　货运量和工业总产值

| 货运量（亿吨） | 2.8 | 2.9 | 3.2 | 3.2 | 3.4 | 3.2 | 3.3 | 3.7 | 3.9 | 4.2 | 3.9 | 4.1 | 4.2 | 4.4 | 4.2 |
|---|---|---|---|---|---|---|---|---|---|---|---|---|---|---|---|
| 工业总产值（10 亿元） | 25 | 27 | 29 | 32 | 34 | 36 | 35 | 39 | 42 | 45 | 44 | 44 | 45 | 48 | 47 |

将表 3-1 中的数据绘制成散点图，如图 3-3 所示。

图 3-3 显示所有数据点近似在一条直线上，可以用最小二乘法和梯度下降法确定这条直线的方程。

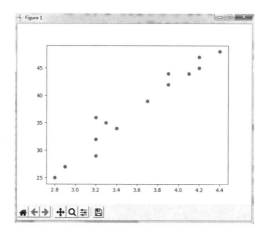

图 3-3　数据散点图

## 1. 最小二乘法

导入相关库和训练样本数据，并画出散点图。

```
import matplotlib.pyplot as plt    #导入绘图库
x = [2.8, 2.9, 3.2, 3.2, 3.4, 3.2, 3.3, 3.7, 3.9, 4.2, 3.9, 4.1, 4.2,
4.4, 4.2]
y = [25, 27, 29, 32, 34, 36, 35, 39, 42, 45, 44, 44, 45, 48, 47]
plt.scatter(x, y)            #画出散点图
plt.show()                   #显示图
```

定义函数 avg(x)，这个函数的功能是求平均数。

```
def avg(x):                  #定义求平均数函数
    m = len(x)               #求x的长度
    sum = 0                  #sum的初始值为0
    for num in x:            #遍历x中的元素
        sum += num           #求x中元素之和
    return sum / m           #求x元素的平均数
```

定义拟合函数 fit(x, y)，求解参数 w 和 b，以下代码实现了式（3-14）的构建。

```
def fit(x, y):               #定义拟合函数
    x_avg = avg(x)           #调用avg()函数，求解x的平均值
    y_avg = avg(y)           #调用avg()函数，求解y的平均值
    m = len(x)               #求解x的长度
    tmp_1 = 0;               #tmp_1初始值为0
    tmp_2 = 0;               #tmp_2初始值为0
    for i in range(m):       #构建最小二乘法w公式中的分子和分母
```

```
        tmp_1 += (x[i] - x_avg) * (y[i] - y_avg)
        tmp_2 += (x[i] - x_avg) ** 2
    w = tmp_1 / tmp_2          #求解w
    b = y_avg - w * x_avg      #求解b
    return w, b               #返回w和b
```

通过训练样本数据调用 fit(x, y) 函数，确定参数 w 和 b，再根据式（3-6）求解 $x$ 对应的预测值，并绘制直线。

```
w, b = fit(x, y)              #调用fit(x,y)
print(w)                      #打印w
print(b)                      #打印b
pre_y = []                    #建立预测y值空列表
for i in range(len(y)):       #遍历所有元素，求解预测y值
    pre_y.append(w * x[i] + b)
plt.scatter(x, y)             #画出散点图
plt.plot(x, pre_y, c='r')     #绘制预测直线
plt.show()                    #显示图
```

最后的结果如图 3-4 所示。

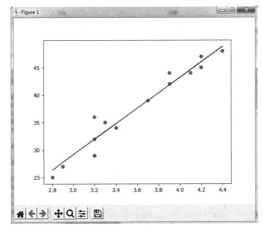

图 3-4 最小二乘法输出结果

## 2. 梯度下降法

还是上面的工业总产值与货运量的数据，下面采用梯度下降法实现直线方程的求解。程序代码开始除了导入 Matplotlib 库，还导入了 NumPy 库。训练样本数据除了直接在函数中输入，也可以采用 np.genfromtxt() 函数导入数据集。

```
import numpy as np                #导入NumPy库
import matplotlib.pyplot as plt  #导入绘图库
data = np.genfromtxt("货运量与工业总产值数据集.csv", delimiter=",")  #导
入数据集CSV文件
x_data = data[:, 0]    #data中的第一列内容赋给x_data
y_data = data[:, 1]    #data中的第二列内容赋给y_data
plt.scatter(x_data, y_data)    #画出散点图
plt.show()                     #显示
```

定义 4 个参数，梯度下降步长为 lr，直线方程参数 w 和 b 的初始值为 0，迭代次数为 2000。

```
lr = 0.1        #定义下降步长
b = 0           #b的初始值为0
w = 0           #w的初始值为0
epochs = 2000   #迭代2000次
```

定义误差函数 compute_error()，并返回总误差 totalError。

```
def compute_error(b, w, x_data, y_data):    #定义误差函数
    totalError = 0                          #总误差初始值为0
    for i in range(0, len(x_data)):         #求总误差
        totalError += (y_data[i] - (w * x_data[i] + b)) ** 2
    return totalError / float(len(x_data)) / 2.0   #返回总误差
```

定义梯度下降函数 gradient_descent_runner()，计算参数 w 和 b 的方向梯度并根据式（3-21）和式（3-22）进行参数更新，迭代 2000 次后，返回参数 w 和 b。

```
def gradient_descent_runner(x_data, y_data, b, w, lr, epochs):#定义梯
度下降函数
    m = float(len(x_data))   #求样本的个数
    for i in range(epochs):  #迭代2000次
        b_grad = 0           #参数b梯度初始值为0
        w_grad = 0           #参数w梯度初始值为0
        for j in range(0, len(x_data)):   #计算参数b和w的梯度
            b_grad += (1/m) * (((w * x_data[j]) + b) - y_data[j])
            w_grad += (1/m) * x_data[j] * (((w * x_data[j]) + b) -
y_data[j])
        b = b - (lr * b_grad)   #计算参数b
        w = w - (lr * w_grad)   #计算参数w
    return b, w      #返回参数b和w
```

调用梯度下降函数 gradient_descent_runner()，计算出参数 w 和 b，并绘制直线，结果如图 3-5 所示。

```
    print("Starting b = {0}, w = {1}, error = {2}".format(b, w,
compute_error(b, w, x_data, y_data)))    #打印各参数的初始值
    print("Running...")    #打印正在进行中
    b, w= gradient_descent_runner(x_data, y_data, b, w, lr, epochs)    #
调用梯度下降函数
    print("After {0} iterations b = {1}, w = {2}, error = {3}".format(epochs,
b, w, compute_error(b, w, x_data, y_data)))    #打印经过2000次迭代的各参数值
    plt.plot(x_data, y_data, 'b.')    #画出散点图
    plt.plot(x_data, w*x_data + b, 'r')    #拟合直线
    plt.show()    #显示
```

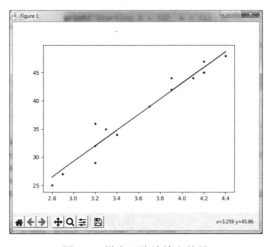

图 3-5　梯度下降法输出结果

# 3.2　决策树算法

现实生活中经常要为一些事情做出决策。例如，星期天你想去打篮球，最终能否打成篮球，首先要看天气是否下雨，如果下雨就不打篮球。其次，要看星期天是否有作业，有作业就不打篮球。最后，还要看篮球场是否有空位，没有空位就不打篮球，有空位就打篮球。

决策树算法是一种用于分类的树状决策结构，基于决策树的逻辑结构与人们在现实社会环境中的决策逻辑十分相似。决策树可以看做一个 if-then 规则的集合，从根节点到每个叶节点构建一条规则，预测实例可以被一条路径或者一条规则所覆盖。

一般一棵决策树由一个根节点、若干内部节点和若干叶节点组成。根节点是树的最顶端、最开始的那个节点，根节点包含样本全集。内部节点就是树中间的那些节点，内部节点表示一个属性上的测试，内部节点的每个分支代表一个测试输出。叶节点是决策树的终端节点，代表决策树的最终判定结果。图 3-6 是一个典型的决策树结构。

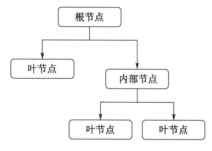

图 3-6　典型的决策树结构

决策树生成过程主要分为以下三个步骤。

（1）特征选择。特征选择是指从众多特征中选取一个特征作为当前节点的分类准则。选取特征有不同的评估标准，从而衍生了不同的决策树算法。常见的分类准则有信息增益、信息增益率、基尼指数，对应的决策树算法有 ID3 算法、C4.5 算法和 CART 算法。

（2）决策树生成。从根节点开始，利用分类准则对样本进行划分，特征的每一个值都对应从该节点产生的一个分支及划分的一个子集。如果节点中所有样本均为同一类别，或者没有特征可以对该节点进行划分，则该节点就变为叶节点。

（3）剪枝。决策树生成之后，还需要对决策树进行剪枝，剪枝的主要目的是缩小树结构规模，缓解过拟合。剪枝分为预剪枝和后剪枝。预剪枝是在决策树构造时就进行剪枝，后剪枝是在生成决策树之后再进行剪枝。

## ⊚ 3.2.1　分类准则

生成决策树的过程中，需要对多个特征进行选择，其中涉及分类准则，下面对其涉及的几个概念进行介绍。

### 1. 信息熵（经验熵）

1948 年香农在论文《通信的数学理论中》提出了信息熵的概念，它表示信息的不确定程度，信息熵越大，则信息的不确定程度越大。信息熵的定义公式如下：

$$H(X) = -\sum_{i=1}^{n} p(x_i) \log p(x_i) \tag{3-23}$$

式中，随机变量 $X$ 的可能取值有 $x_1, x_2, \cdots, x_n$，每一个可能的取值 $x_i$，其概率 $P(X = x_i) = p_i$，$i = 1, 2, \cdots, n$。

对于样本集合 $D$ 来说，经验熵为

$$H(D) = -\sum_{k=1}^{K} \frac{|C_k|}{|D|} \log \frac{|C_k|}{|D|} \tag{3-24}$$

在式（3-24）中，假设样本有 $K$ 个类别，每个类别的概率是 $\frac{|C_k|}{|D|}$，其中 $|C_k|$ 表示类别 $k$ 的样本个数，$|D|$ 表示样本总数。

特征 $A$ 对样本集合 $D$ 的经验条件熵为

$$H(D|A) = \sum_{i=1}^{n} \frac{|D_i|}{|D|} H(D_i) = -\sum_{i=1}^{n} \frac{|D_i|}{|D|} \sum_{k=1}^{K} \frac{|D_{ik}|}{|D_i|} \log \frac{|D_{ik}|}{|D_i|} \tag{3-25}$$

在式（3-25）中，根据特征 $A$ 的取值将样本集合 $D$ 划分为 $n$ 个子集 $D_1, D_2, \cdots, D_n$，$|D_i|$ 为 $D_i$ 的样本个数，$D_{ik}$ 为子集 $D_i$ 中属于类 $C_k$ 的样本的集合，$|D_{ik}|$ 为 $D_{ik}$ 的样本个数。

### 2. 信息增益

经验熵表示随机变量的不确定性，经验条件熵表示在某个条件下随机变量的不确定性，信息增益则表示在某个条件下信息不确定性减少的程度。在决策树算法中，信息增益是特征选择的一个重要指标，一个特征能够为分类带来的信息越多，说明该特征越重要，相应的信息增益也就越大。

特征 $A$ 对训练数据集 $D$ 的信息增益 $G(D, A)$ 定义为集合 $D$ 的经验熵 $H(D)$ 与特征 $A$ 给定条件下 $D$ 的经验条件熵 $H(D|A)$ 之差，即：

$$G(D,A) = H(D) - H(D|A) \tag{3-26}$$

根据信息增益准则进行特征选择的方法如下：对于训练数据集 $D$，计算每一个特征的信息增益，并比较它们的大小，选择信息增益最大的那个特征作为决策树的节点。

### 3. 信息增益率

将信息增益作为特征选择依据的弊端在于：信息增益偏向取值较多的特征。当特征取值较多时，根据此特征划分更容易得到纯度更高的子集，划分之后的熵就更低，划分前的熵是一定的，根据式（3-26）得到的信息增益更大，因此信息增益偏向取值较多的特征。为了解决上述问题，提出了信息增益率的概念。

特征 $A$ 对训练数据集 $D$ 的信息增益率 $G_R(D,A)$ 定义为信息增益 $G(D,A)$ 与训练数据集 $D$ 关于特征 $A$ 的熵 $H_A(D)$ 之比，即：

$$G_R(D,A) = \frac{G(D,A)}{H_A(D)} \tag{3-27}$$

在式（3-27）中，分子 $G(D,A)$ 为信息增益；分母 $H_A(D)$ 为特征 $A$ 的经验熵，其表达式如下：

$$H_A(D) = -\sum_{i=1}^{n} \frac{|D_i|}{|D|} \log \frac{|D_i|}{|D|} \tag{3-28}$$

信息增益率的本质就是在信息增益的基础上乘上一个惩罚参数，特征个数较多时，惩罚参数较小，特征个数较少时，惩罚参数较大，因此信息增益率偏向取值较少的特征。根据信息增益率准则进行特征选择的方法如下：在现有特征中找出信息增益高于平均水平的特征，再在这些特征中选择信息增益率最大的那个特征作为决策树的节点。

### 4. 基尼指数

基尼指数表示样本集合中一个随机选中的样本被分错的概率，基尼指数越小，表示集合的纯度越高，其公式如下：

$$\text{Gini}(p) = \sum_{k=1}^{K} p_k(1-p_k) = 1 - \sum_{k=1}^{K} p_k^2 \tag{3-29}$$

在式（3-29）中，$p_k$ 表示属于 $k$ 类别的概率，而被分错的概率是 $1-p_k$。样本集合

$D$ 的基尼指数公式如下：

$$\text{Gini}(D) = 1 - \sum_{k=1}^{K} \left( \frac{|C_k|}{|D|} \right)^2 \tag{3-30}$$

根据基尼指数准则进行特征选择的方法如下：对于训练数据集 $D$，计算每一个特征的基尼指数，并比较它们的大小，选择基尼指数最小的那个特征作为决策树的节点。

## ⊙ 3.2.2 ID3 算法

ID3 算法采用信息增益准则选择特征，递归地构建决策树，从根节点开始，对节点计算所有特征的信息增益，选择信息增益最大的特征作为节点特征，并由该特征的不同取值建立子节点，再对子节点递归地调用以上方法来构建决策树，直到没有特征可以选择或者样本属于同一类无须再分为止。

下面通过一个实例详细介绍用 ID3 算法生成决策树的过程，这里只介绍计算过程，具体代码在后面介绍。表 3-2 是根据天气好坏决定是否出去玩的一个训练样本集，其中共有 14 个训练样本，每个样本有 4 个关于天气的属性，输出结果只有两类：玩或者不玩。

表 3-2  根据天气好坏决定是否出去玩的训练样本集

| 序号 | 天气（$A_1$） | 温度（$A_2$） | 湿度（$A_3$） | 风力（$A_4$） | 是否玩 |
|---|---|---|---|---|---|
| 1 | 晴 | 高温 | 高 | 无风 | 否 |
| 2 | 晴 | 高温 | 高 | 有风 | 否 |
| 3 | 阴 | 高温 | 高 | 无风 | 是 |
| 4 | 雨 | 中温 | 高 | 无风 | 是 |
| 5 | 雨 | 低温 | 正常 | 无风 | 是 |
| 6 | 雨 | 低温 | 正常 | 有风 | 否 |
| 7 | 阴 | 低温 | 正常 | 有风 | 是 |
| 8 | 晴 | 中温 | 高 | 无风 | 否 |
| 9 | 晴 | 低温 | 正常 | 无风 | 是 |
| 10 | 雨 | 中温 | 正常 | 无风 | 是 |
| 11 | 晴 | 中温 | 正常 | 有风 | 是 |
| 12 | 阴 | 中温 | 高 | 有风 | 是 |
| 13 | 阴 | 高温 | 正常 | 无风 | 是 |
| 14 | 雨 | 中温 | 高 | 有风 | 否 |

### 1. 计算整个样本集的经验熵

$$H(D) = -\sum_{k=1}^{2} \frac{|C_k|}{|D|} \log_2 \frac{|C_k|}{|D|} = -\left(\frac{9}{14}\log_2 \frac{9}{14} + \frac{5}{14}\log_2 \frac{5}{14}\right) = 0.94 \qquad (3\text{-}31)$$

其中，$|C_k|$ 表示 14 个样本中有 5 个结果是"否"，9 个结果是"是"，$|D|$ 表示样本总数为 14。

### 2. 计算各个特征的经验条件熵

样本集 $D$ 对于天气的经验条件熵：

$$\begin{aligned}
H(D|A_1) &= \sum_{i=1}^{3} \frac{|D_i|}{|D|} H(D_i) = -\sum_{i=1}^{3} \frac{|D_i|}{|D|} \sum_{k=1}^{2} \frac{|D_{ik}|}{|D_i|} \log \frac{|D_{ik}|}{|D_i|} \\
&= -\frac{5}{14}\left(\frac{3}{5}\log_2 \frac{3}{5} + \frac{2}{5}\log_2 \frac{2}{5}\right) - \frac{4}{14}\left(\frac{4}{4}\log_2 \frac{4}{4} + \frac{0}{4}\log_2 \frac{0}{4}\right) \\
&\quad -\frac{5}{14}\left(\frac{3}{5}\log_2 \frac{3}{5} + \frac{2}{5}\log_2 \frac{2}{5}\right) \\
&= 0.69
\end{aligned} \qquad (3\text{-}32)$$

样本集 $D$ 对于温度的经验条件熵：

$$\begin{aligned}
H(D|A_2) &= \sum_{i=1}^{3} \frac{|D_i|}{|D|} H(D_i) = -\sum_{i=1}^{3} \frac{|D_i|}{|D|} \sum_{k=1}^{2} \frac{|D_{ik}|}{|D_i|} \log \frac{|D_{ik}|}{|D_i|} \\
&= -\frac{4}{14}\left(\frac{2}{4}\log_2 \frac{2}{4} + \frac{2}{4}\log_2 \frac{2}{4}\right) - \frac{6}{14}\left(\frac{4}{6}\log_2 \frac{4}{6} + \frac{2}{6}\log_2 \frac{2}{6}\right) \\
&\quad -\frac{4}{14}\left(\frac{3}{4}\log_2 \frac{3}{4} + \frac{1}{4}\log_2 \frac{1}{4}\right) \\
&= 0.91
\end{aligned} \qquad (3\text{-}33)$$

样本集 $D$ 对于湿度的经验条件熵：

$$\begin{aligned}
H(D|A_3) &= \sum_{i=1}^{2} \frac{|D_i|}{|D|} H(D_i) = -\sum_{i=1}^{2} \frac{|D_i|}{|D|} \sum_{k=1}^{2} \frac{|D_{ik}|}{|D_i|} \log \frac{|D_{ik}|}{|D_i|} \\
&= -\frac{7}{14}\left(\frac{3}{7}\log_2 \frac{3}{7} + \frac{4}{7}\log_2 \frac{4}{7}\right) - \frac{7}{14}\left(\frac{6}{7}\log_2 \frac{6}{7} + \frac{1}{7}\log_2 \frac{1}{7}\right) \\
&= 0.79
\end{aligned} \qquad (3\text{-}34)$$

样本集 $D$ 对于风力的经验条件熵：

$$H(D \mid A_4) = \sum_{i=1}^{2} \frac{|D_i|}{|D|} H(D_i) = -\sum_{i=1}^{2} \frac{|D_i|}{|D|} \sum_{k=1}^{2} \frac{|D_{ik}|}{|D_i|} \log \frac{|D_{ik}|}{|D_i|}$$

$$= -\frac{8}{14}\left(\frac{6}{8}\log_2 \frac{6}{8} + \frac{2}{8}\log_2 \frac{2}{8}\right) - \frac{6}{14}\left(\frac{3}{6}\log_2 \frac{3}{6} + \frac{3}{6}\log_2 \frac{3}{6}\right) \quad (3\text{-}35)$$

$$= 0.93$$

### 3. 计算各个特征的信息增益

样本集 $D$ 对于天气的信息增益:

$$G(D, A_1) = H(D) - H(D \mid A_1) = 0.94 - 0.69 = 0.25 \quad (3\text{-}36)$$

样本集 $D$ 对于温度的信息增益:

$$G(D, A_2) = H(D) - H(D \mid A_2) = 0.94 - 0.91 = 0.03 \quad (3\text{-}37)$$

样本集 $D$ 对于湿度的信息增益:

$$G(D, A_3) = H(D) - H(D \mid A_3) = 0.94 - 0.79 = 0.15 \quad (3\text{-}38)$$

样本集 $D$ 对于风力的信息增益:

$$G(D, A_4) = H(D) - H(D \mid A_4) = 0.94 - 0.93 = 0.01 \quad (3\text{-}39)$$

### 4. 选取最优特征对样本集进行分类

由式（3-36）～式（3-39）可知，样本集 $D$ 对于天气的信息增益最大，根据 ID3 算法，选择天气这个特征对样本集进行分类，将天气这一特征作为决策树的根节点，如图 3-7 所示。

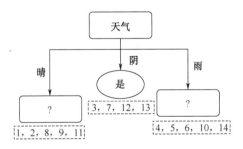

图 3-7　决策树根节点

天气这一特征有三个属性：晴、阴和雨。14 个样本根据三个特征属性被划分为三类，其中属性阴的四个样本 3、7、12、13 数据标签都为"是"，属于同一类，不需要再划分，该节点就可以定义为叶节点。其他两个属性晴和雨的数据样本标签不同，需要进一步划分，这两个节点可以定义为内部节点。天气为晴、阴和雨的样本子集分别如表 3-3、表 3-4 和表 3-5 所示。

表 3-3　天气为晴的样本子集（$D_1$）

| 序号 | 天气（$A_1$） | 温度（$A_2$） | 湿度（$A_3$） | 风力（$A_4$） | 是否玩 |
| --- | --- | --- | --- | --- | --- |
| 1 | 晴 | 高温 | 高 | 无风 | 否 |
| 2 | 晴 | 高温 | 高 | 有风 | 否 |
| 8 | 晴 | 中温 | 高 | 无风 | 否 |
| 9 | 晴 | 低温 | 正常 | 无风 | 是 |
| 11 | 晴 | 中温 | 正常 | 有风 | 是 |

表 3-4　天气为阴的样本子集（$D_2$）

| 序号 | 天气（$A_1$） | 温度（$A_2$） | 湿度（$A_3$） | 风力（$A_4$） | 是否玩 |
| --- | --- | --- | --- | --- | --- |
| 3 | 阴 | 高温 | 高 | 无风 | 是 |
| 7 | 阴 | 低温 | 正常 | 有风 | 是 |
| 12 | 阴 | 中温 | 高 | 有风 | 是 |
| 13 | 阴 | 高温 | 正常 | 无风 | 是 |

表 3-5　天气为雨的样本子集（$D_3$）

| 序号 | 天气（$A_1$） | 温度（$A_2$） | 湿度（$A_3$） | 风力（$A_4$） | 是否玩 |
| --- | --- | --- | --- | --- | --- |
| 4 | 雨 | 中温 | 高 | 无风 | 是 |
| 5 | 雨 | 低温 | 正常 | 无风 | 是 |
| 6 | 雨 | 低温 | 正常 | 有风 | 否 |
| 10 | 雨 | 中温 | 正常 | 无风 | 是 |
| 14 | 雨 | 中温 | 高 | 有风 | 否 |

## 5.　对样本子集 $D_1$ 和 $D_3$ 重复上面的步骤

经过上面的步骤，找出样本集的最优特征是天气，根据天气属性将样本集划分为 3 个子集，在后续的决策树构建过程中，不需要再对天气特征计算相应的值，更改后的样本子集 $D_1$ 和 $D_3$ 如表 3-6 和表 3-7 所示。

表 3-6　天气为晴的样本子集（$D_1$）

| 序号 | 温度（$A_2$） | 湿度（$A_3$） | 风力（$A_4$） | 是否玩 |
| --- | --- | --- | --- | --- |
| 1 | 高温 | 高 | 无风 | 否 |

| 序号 | 温度（$A_2$） | 湿度（$A_3$） | 风力（$A_4$） | 是否玩 |
|---|---|---|---|---|
| 2 | 高温 | 高 | 有风 | 否 |
| 8 | 中温 | 高 | 无风 | 否 |
| 9 | 低温 | 正常 | 无风 | 是 |
| 11 | 中温 | 正常 | 有风 | 是 |

表 3-7　天气为雨的样本子集（$D_3$）

| 序号 | 温度（$A_2$） | 湿度（$A_3$） | 风力（$A_4$） | 是否玩 |
|---|---|---|---|---|
| 4 | 中温 | 高 | 无风 | 是 |
| 5 | 低温 | 正常 | 无风 | 是 |
| 10 | 中温 | 正常 | 无风 | 是 |
| 6 | 低温 | 正常 | 有风 | 否 |
| 14 | 中温 | 高 | 有风 | 否 |

根据表 3-6 和表 3-7 分别计算以下内容。

样本子集 $D_1$ 的经验熵：

$$H(D_1) = -\sum_{k=1}^{2} \frac{|C_k|}{|D_1|} \log_2 \frac{|C_k|}{|D_1|} = -\left( \frac{3}{5} \log_2 \frac{3}{5} + \frac{2}{5} \log_2 \frac{2}{5} \right) = 0.97 \tag{3-40}$$

样本子集 $D_1$ 对于温度的经验条件熵：

$$
\begin{aligned}
H(D_1 | A_2) &= \sum_{i=1}^{3} \frac{|D_i|}{|D_1|} H(D_i) = -\sum_{i=1}^{3} \frac{|D_i|}{|D_1|} \sum_{k=1}^{2} \frac{|D_{ik}|}{|D_i|} \log \frac{|D_{ik}|}{|D_i|} \\
&= -\frac{2}{5}\left( \frac{2}{2} \log_2 \frac{2}{2} + \frac{0}{2} \log_2 \frac{0}{2} \right) - \frac{2}{5}\left( \frac{1}{2} \log_2 \frac{1}{2} + \frac{1}{2} \log_2 \frac{1}{2} \right) \\
&\quad - \frac{1}{5}\left( \frac{1}{1} \log_2 \frac{1}{1} + \frac{0}{1} \log_2 \frac{0}{1} \right) \\
&= 0.4
\end{aligned}
\tag{3-41}
$$

样本子集 $D1$ 对于湿度的经验条件熵：

$$
\begin{aligned}
H(D_1 | A_3) &= \sum_{i=1}^{2} \frac{|D_i|}{|D_1|} H(D_i) = -\sum_{i=1}^{2} \frac{|D_i|}{|D_1|} \sum_{k=1}^{2} \frac{|D_{ik}|}{|D_i|} \log \frac{|D_{ik}|}{|D_i|} \\
&= -\frac{3}{5}\left( \frac{0}{3} \log_2 \frac{0}{3} + \frac{3}{3} \log_2 \frac{3}{3} \right) - \frac{2}{5}\left( \frac{2}{2} \log_2 \frac{2}{2} + \frac{0}{2} \log_2 \frac{0}{2} \right) \\
&= 0
\end{aligned}
\tag{3-42}
$$

样本子集 $D_1$ 对于风力的经验条件熵：

$$H(D_1 \mid A_4) = \sum_{i=1}^{2} \frac{|D_i|}{|D_1|} H(D_i) = -\sum_{i=1}^{2} \frac{|D_i|}{|D_1|} \sum_{k=1}^{2} \frac{|D_{ik}|}{|D_i|} \log \frac{|D_{ik}|}{|D_i|}$$
$$= -\frac{3}{5}\left(\frac{1}{3}\log_2 \frac{1}{3} + \frac{2}{3}\log_2 \frac{2}{3}\right) - \frac{2}{5}\left(\frac{1}{2}\log_2 \frac{1}{2} + \frac{1}{2}\log_2 \frac{1}{2}\right) \qquad (3\text{-}43)$$
$$= 0.65$$

样本子集 $D_1$ 对于温度的信息增益：

$$G(D_1, A_2) = H(D_1) - H(D_1 \mid A_2) = 0.97 - 0.4 = 0.57 \qquad (3\text{-}44)$$

样本子集 $D_1$ 对于湿度的信息增益：

$$G(D_1, A_3) = H(D_1) - H(D_1 \mid A_3) = 0.97 - 0 = 0.97 \qquad (3\text{-}45)$$

样本子集 $D_1$ 对于风力的信息增益：

$$G(D_1, A_4) = H(D_1) - H(D_1 \mid A_4) = 0.97 - 0.65 = 0.32 \qquad (3\text{-}46)$$

由式（3-44）～式（3-46）可知，样本子集 $D_1$ 对于湿度的信息增益最大，根据 ID3 算法，选择湿度这个特征对样本子集 $D_1$ 进行分类，如图 3-8 所示。

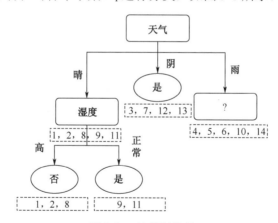

图 3-8　决策树生长

湿度这一特征有两个属性：高和正常。5 个样本根据属性被划分为两类。其中，属性高的三个样本 1、2、8 数据标签都为"否"，属于同一类；属性正常的两个样本 9、11 数据标签都为"是"，属于同一类，不需要再划分，这两个节点就可以定义为叶节点。

按照相同的方法，对样本子集 $D_3$ 求各个特征的信息增益。样本子集 $D_3$ 对于风力的信息增益最大，根据 ID3 算法，选择风力这个特征对样本子集 $D_3$ 进行分类。风力这一特征有两个属性：有风和无风。5 个样本根据属性被划分为两类。其中，属性有风的两个样本 6、14 数据标签都为"否"，属于同一类；属性无风的三个样本 4、5、10 数据标签都为"是"，属于同一类，不需要再划分，这两个节点就可以定义为叶节点。至此，所有样本均属于同类，无须再分，这样就构建了完整的决策树，如图 3-9 所示。

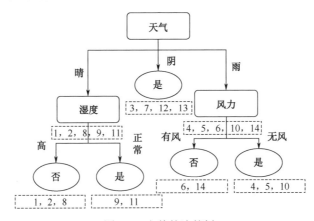

图 3-9　完整的决策树

## ⊙ 3.2.3　C4.5 算法

ID3 算法倾向于选值较多的属性作为节点，而不是最优属性，这样可能会得到局部最优解。C4.5 算法是在 ID3 算法的基础上提出的，它用信息增益率来选择属性。

针对上节中的样本集 $D$，采用 C4.5 算法生成决策树的步骤如下。

### 1. 计算特征的经验熵

天气的属性有 3 个，其中晴有 5 个样本，阴有 4 个样本，雨有 5 个样本，天气的经验熵为

$$H_{A_1}(D) = -\sum_{i=1}^{3} \frac{|D_i|}{|D|} \log \frac{|D_i|}{|D|} \tag{3-47}$$

$$= -\frac{5}{14} \log_2 \frac{5}{14} - \frac{4}{14} \log_2 \frac{4}{14} - \frac{5}{14} \log_2 \frac{5}{14} = 1.58$$

温度的属性有 3 个，其中高温有 4 个样本，中温有 6 个样本，低温有 4 个样本，温

度的经验熵为

$$H_{A_2}(D) = -\sum_{i=1}^{3} \frac{|D_i|}{|D|} \log \frac{|D_i|}{|D|} \tag{3-48}$$

$$= -\frac{4}{14} \log_2 \frac{4}{14} - \frac{6}{14} \log_2 \frac{6}{14} - \frac{4}{14} \log_2 \frac{4}{14} = 1.56$$

湿度的属性有 2 个，其中高有 7 个样本，正常有 7 个样本，湿度的经验熵为

$$H_{A_3}(D) = -\sum_{i=1}^{2} \frac{|D_i|}{|D|} \log \frac{|D_i|}{|D|} \tag{3-49}$$

$$= -\frac{7}{14} \log_2 \frac{7}{14} - \frac{7}{14} \log_2 \frac{7}{14} = 1.0$$

风力的属性有 2 个，其中有风有 6 个样本，无风有 8 个样本，风力的经验熵为

$$H_{A_4}(D) = -\sum_{i=1}^{2} \frac{|D_i|}{|D|} \log \frac{|D_i|}{|D|} \tag{3-50}$$

$$= -\frac{6}{14} \log_2 \frac{6}{14} - \frac{8}{14} \log_2 \frac{8}{14} = 0.98$$

## 2. 计算特征对样本集 $D$ 的信息增益率

天气的信息增益率：

$$G_{\mathrm{R}}(D, A_1) = \frac{G(D, A_1)}{H_{A_1}(D)} = \frac{0.25}{1.58} = 0.16 \tag{3-51}$$

温度的信息增益率：

$$G_{\mathrm{R}}(D, A_2) = \frac{G(D, A_2)}{H_{A_2}(D)} = \frac{0.03}{1.56} = 0.019 \tag{3-52}$$

湿度的信息增益率：

$$G_{\mathrm{R}}(D, A_3) = \frac{G(D, A_3)}{H_{A_3}(D)} = \frac{0.15}{1.0} = 0.15 \tag{3-53}$$

风力的信息增益率：

$$G_{\mathrm{R}}(D, A_4) = \frac{G(D, A_4)}{H_{A_4}(D)} = \frac{0.01}{0.98} = 0.01 \tag{3-54}$$

从上面的计算结果可以看出，天气的信息增益率最大，因此选择天气作为决策树的

根节点，构建的决策树同图 3-7 一样。

### 3. 分别计算其他特征对样本子集 $D_1$ 和 $D_3$ 的信息增益率

以天气为根节点，将 14 个样本按照属性划分为 3 个子集 $D_1$（晴）、$D_2$（阴）、$D_3$（雨）。其中，样本子集 $D_2$ 中所有样本标签一样，无须再进行划分，现对样本子集 $D_1$ 和 $D_3$ 分别求除天气以外特征的信息增益率。样本子集 $D_1$ 和 $D_3$ 分别如表 3-3、表 3-5 所示，由表可知，样本子集 $D_1$ 有 5 个样本，样本子集 $D_3$ 有 5 个样本，先计算各个特征的经验熵。

对于样本子集 $D_1$，温度的属性有 3 个，其中高温有 2 个样本，中温有 2 个样本，低温有 1 个样本，温度的经验熵为

$$H_{A_2}(D_1) = -\sum_{i=1}^{3} \frac{|D_i|}{|D_1|} \log \frac{|D_i|}{|D_1|}$$
$$= -\frac{2}{5}\log_2\frac{2}{5} - \frac{2}{5}\log_2\frac{2}{5} - \frac{1}{5}\log_2\frac{1}{5} = 1.42 \tag{3-55}$$

对于样本子集 $D_1$，湿度的属性有 2 个，其中高有 3 个样本，正常有 2 个样本，湿度的经验熵为

$$H_{A_3}(D_1) = -\sum_{i=1}^{2} \frac{|D_i|}{|D_1|} \log \frac{|D_i|}{|D_1|}$$
$$= -\frac{3}{5}\log_2\frac{3}{5} - \frac{2}{5}\log_2\frac{2}{5} = 0.97 \tag{3-56}$$

对于样本子集 $D_1$，风力的属性有 2 个，其中有风有 2 个样本，无风有 3 个样本，风力的经验熵为

$$H_{A_4}(D_1) = -\sum_{i=1}^{2} \frac{|D_i|}{|D_1|} \log \frac{|D_i|}{|D_1|}$$
$$= -\frac{2}{5}\log_2\frac{2}{5} - \frac{3}{5}\log_2\frac{3}{5} = 0.97 \tag{3-57}$$

样本子集 $D_1$ 对温度的信息增益率：

$$G_{\mathrm{R}}(D_1, A_2) = \frac{G(D_1, A_2)}{H_{A_2}(D_1)} = \frac{0.57}{1.42} = 0.401 \tag{3-58}$$

样本子集 $D_1$ 对湿度的信息增益率：

$$G_R\left(D_1, A_3\right) = \frac{G\left(D_1, A_3\right)}{H_{A_3}\left(D_1\right)} = \frac{0.97}{0.97} = 1 \tag{3-59}$$

样本子集 $D_1$ 对风力的信息增益率：

$$G_R\left(D_1, A_4\right) = \frac{G\left(D_1, A_4\right)}{H_{A_4}\left(D_1\right)} = \frac{0.32}{0.97} = 0.329 \tag{3-60}$$

从上面的计算结果可以看出，湿度的信息增益率最大，选择湿度这个特征对样本子集 $D_1$ 进行分类，生成的决策树同图 3-8 一样。

按照相同的方法，对样本子集 $D_3$ 求剩余特征的信息增益率，样本子集 $D_3$ 对于风力的信息增益率最大，最终生成的决策树如图 3-9 所示。

## ⊙ 3.2.4　CART 算法

ID3 算法使用信息增益选择特征，将信息增益最大的特征作为分类的优先选择。C4.5 算法使用信息增益率选择特征，避免了因特征值多导致信息增益大的问题。CART 算法使用基尼指数选择特征，基尼指数越小，特征就越好，这与 ID3 算法和 C4.5 算法相反。

ID3 算法和 C4.5 算法生成的决策树是多叉树，只能处理分类问题，不能处理回归问题，而 CART 算法既可以处理分类问题，又可以处理回归问题。其中，分类树输出的是样本的类别，回归树输出的是一个实数。

### 1. 分裂属性选择

分类树的待测结果为离散数据，选择具有最小基尼指数的属性及属性值，作为最优分裂属性及最优分裂属性值。若样本集合 $D$ 根据属性 $A$ 是否取某一可能值 $a$ 被分割为 $D_1$ 和 $D_2$ 两部分，则在属性 $A$ 为划分属性的条件下，集合 $D$ 的基尼指数定义为

$$\text{Gini}\left(D, A\right) = \frac{|D_1|}{|D|}\text{Gini}\left(D_1\right) + \frac{|D_2|}{|D|}\text{Gini}\left(D_2\right) \tag{3-61}$$

式中，$\text{Gini}\left(D\right)$ 的求解同式（3-30）。

回归树的待测结果为连续数据，选择具有最小残差平方和的属性及属性值，作为最优分裂属性及最优分裂属性值，公式如下：

$$\min_{j,s}\left[\min_{c_1}\sum_{x_i\in R_1(j,s)}(y_i-c_1)^2+\min_{c_2}\sum_{x_2\in R_2(j,s)}(y_i-c_2)^2\right]\tag{3-62}$$

式中，$y_i$ 为样本目标变量的真实值；$R_1$ 和 $R_2$ 为划分出的两个子集，回归树是二叉树，只有两个子集；$c_1$ 和 $c_2$ 是 $R_1$ 和 $R_2$ 子集的样本均值；$j$ 为当前样本特征。

### 2. 剪枝算法

决策树在构建的过程中会出现过多的枝条，导致模型过于复杂，这样会出现过拟合问题。为解决决策树中的过拟合问题，引入决策树剪枝算法，常见的决策树剪枝算法有两种，一种是预剪枝，另一种是后剪枝。预剪枝是指在决策树生成过程中，对每个节点进行估计，如果该节点的划分不能带来决策树泛化能力的提升，则停止该节点的继续划分，标记该节点为叶节点。后剪枝是在生成完整的决策树后，自底向上对非叶节点进行分析，如果将该节点对应的子树替换为叶节点能带来决策树泛化能力的提升，则将该子树替换为叶节点。

决策树中常见的剪枝算法有：错误率降低剪枝（REP）算法、悲观错误剪枝（PEP）算法、代价复杂度剪枝（CCP）算法、最小误差剪枝（MEP）算法。

错误率降低剪枝算法是一种后剪枝算法。数据集被分为训练集和验证集，用训练样本生成决策树后，自下而上对每个节点决定是否修剪该节点，删除以该节点为根的子树，使其成为叶节点，赋予该节点关联的训练数据最常见的分类，将修剪后的决策树用于验证集，如果其性能不比原来的差，才真正删除该节点。REP 算法是最简单的后剪枝算法，由于它使用独立的测试集，修剪后的决策树可能偏向过度修剪。

悲观错误剪枝算法也是一种后剪枝算法，它根据剪枝前后的错误率来决定是否剪枝，它不需要验证集，并且是自上而下的剪枝算法。叶节点满足下列不等式：

$$e'(t)\leqslant e'(T_t)+S_e\left(e'(T_t)\right)\tag{3-63}$$

式中

$$e'(t)=e(t)+\frac{1}{2}$$

$$e'(T_t)=\sum e(i)+\frac{N_t}{2}$$

$$S_e\left(e'(T_t)\right) = \left[e'(T_t)\left(n(t) - e'(T_t)/n(t)\right)\right]^{\frac{1}{2}}$$

这种剪枝算法的缺陷是某些节点可能在不需要被剪枝时被剪掉，并且会出现剪枝失败的情况。

代价复杂度剪枝算法选择表面误差率增益值（$\alpha$）最小的非叶节点，删除该非叶节点左右的子节点，若有多个非叶节点的表面误差率增益值一样小，则选择子节点最多的非叶节点进行剪枝。$\alpha$ 表示剪枝后决策树的复杂度降低程度与代价间的关系，定义如下：

$$\alpha = \frac{R(t) - R(T_t)}{|N_1| - 1} \tag{3-64}$$

式中，$|N_1|$ 为子树 $T_t$ 中的叶节点数，$R(t)$ 为节点 $t$ 的错误代价，$R(T_t)$ 为子树 $T_t$ 的错误代价。

## ⊙ 3.2.5　决策树算法实例

介绍完决策树的概念和决策树构建方法后，下面将以具体的实例讲解决策树构建的 Python 代码，数据集如表 3-2 所示。

导入 math 库中的 log 函数，并导入 operator 模块。

```
from math import log
import operator
```

定义创建数据集函数 createDataSet1()，该函数的主要功能是导入数据集。将表 3-2 所示的数据集定义为 dataSet，数据集的标签定义为 labels，函数返回数据集相关信息。数据集 dataSet 中含有 14 个样本，数据集的 4 个特征分别为"天气""温度""湿度""风力"，数据集标签为"是"或者"否"。

```
def createDataSet1():    #定义创建数据集函数
    dataSet = [
        ['sunny', 'hot', 'high', 'false', 'no'],
        ['sunny', 'hot', 'high', 'true', 'no'],
        ['overcast', 'hot', 'high', 'false', 'yes'],
        ['rainy', 'mild', 'high', 'false', 'yes'],
        ['rainy', 'cool', 'normal', 'false', 'yes'],
        ['rainy', 'cool', 'normal', 'true', 'no'],
        ['overcast', 'cool', 'normal', 'true', 'yes'],
```

```
                    ['sunny', 'mild', 'high', 'false', 'no'],
                    ['sunny', 'cool', 'normal', 'false', 'yes'],
                    ['rainy', 'mild', 'normal', 'false', 'yes'],
                    ['sunny', 'mild', 'normal', 'true', 'yes'],
                    ['overcast', 'mild', 'high', 'true', 'yes'],
                    ['overcast', 'hot', 'normal', 'false', 'yes'],
                    ['rainy', 'mild', 'high', 'true', 'no']
                    ]           #导入数据集，包含数据标签
    labels = ['outlook', 'temperature', 'humidity', 'windy', 'play']
#导入数据特征，包含数据标签名
    return dataSet, labels  #返回
```

定义计算经验熵函数 calcShannonEnt()，下面的程序代码构造了式（3-31）的内容，这个函数将在后面的 chooseBestFeatureToSplit()函数中被调用。

```
    def calcShannonEnt(dataSet):        #定义函数
        numEntries = len(dataSet)       #求数据集样本个数
        labelCounts = {}                #定义标签计数字典
        for featVec in dataSet:         #遍历数据集中所有样本向量
            currentLabel = featVec[-1]  #当前标签
            if currentLabel not in labelCounts.keys(): #判断当前标签和标签计
数字典中的关键字是否相同
                labelCounts[currentLabel] = 0  #不同，在标签计数字典中增加关键
字，其对应的值为0
            labelCounts[currentLabel] += 1  #当前标签与字典中的关键字相同，该关
键字对应的值加1
        shannonEnt = 0  #经验熵初始值为0
        for key in labelCounts:  #构建经验熵公式
            prob = float(labelCounts[key])/numEntries
            shannonEnt -= prob*log(prob, 2)
        return shannonEnt  #返回经验熵
```

定义划分数据集函数 splitDataSet()，这个函数在 createTree()函数中被调用，其功能是在通过信息增益找出最优特征后，将原数据集按最优特征的属性划分为不同的子集，这些子集去除最优特征对应的样本数据后，再应用信息增益求出下一个最优特征，下列程序代码用于构造表 3-6 和表 3-7。

```
    def splitDataSet(dataSet,axis,value):  #定义函数
        retDataSet = []                    #空的数据子集
```

```
        for featVec in dataSet:            #遍历数据集中所有样本向量
            if featVec[axis] == value:   #数据集分类后，构建新的数据子集
                reducedFeatVec = featVec[:axis]
                reducedFeatVec.extend(featVec[axis+1:])
                retDataSet.append(reducedFeatVec)
    return retDataSet       #返回数据子集
```

定义选择最优特征函数 chooseBestFeatureToSplit()，这个函数的主要功能是构建信息增益判定规则，并返回最优特征。它调用了计算经验熵函数 calcShannonEnt()和划分数据集函数 splitDataSet()。

```
    def chooseBestFeatureToSplit(dataSet):     #定义函数
        numFeatures = len(dataSet[0])-1       #计算特征个数
        baseEntropy = calcShannonEnt(dataSet) #计算经验熵
        bestInfoGain = 0    #最优特征信息增益初始值为0
        bestFeature = -1    #最优特征为-1
        for i in range(numFeatures):  #遍历所有特征
            featList = [example[i] for example in dataSet] #列出每个特征列
            uniqueVals = set(featList)  #列出每个特征列有几个属性
            newEntropy = 0      #经验条件熵初始值为0
            for value in uniqueVals:  #计算数据集对各特征的经验条件熵
                subDataSet = splitDataSet(dataSet, i, value)  #构建数据子集
                prob =len(subDataSet)/float(len(dataSet))   #求解经验条件熵公
式的前半部分
                newEntropy += prob*calcShannonEnt(subDataSet)
            infoGain = baseEntropy - newEntropy     #信息增益计算公式
            if (infoGain>bestInfoGain):   #找到最大信息增益对应特征
                bestInfoGain = infoGain
                bestFeature = i
        return bestFeature   #返回最优特征
```

定义 majorityCnt()函数，这个函数的功能是当数据集所有特征已经用完，但类标签仍不是唯一的时候，采用投票的方式表决。

```
    def majorityCnt(classList): #定义函数
        classCount={}           #定义空字典
        for vote in classList:       #遍历数据集最后一列标签
            if vote not in classCount.keys(): #对标签进行分类
                classCount[vote] = 0
            classCount[vote] += 1
```

```
        sortedClassCount = sorted(classCount.items(),
key=operator.itemgetter(1), reverse=True)  #构建的标签字典排序
        return sortedClassCount[0][0]    #返回取值最多的标签
```

定义创建决策树函数 createTree()，这个函数是整个程序的核心函数，用于实现整个决策树的创建。此函数中调用了 chooseBestFeatureToSplit()函数。

```
    def createTree(dataSet, labels):    #定义函数
        classList = [example[-1] for example in dataSet]  #将数据集最后一列
数据，也就是各个样本对应的标签提出来，赋给classList
        if classList.count(classList[0]) == len(classList):  #判断数据集标签
是否属于同一类，若属于同一类，则数据集不需要再分
            return classList[0]  #返回标签值
        if len(dataSet[0]) == 1:    #样本只剩下1个
            return majorityCnt(classList)    #调用majorityCnt()函数
        bestFeat = chooseBestFeatureToSplit(dataSet)  #求出最优特征（数字）
        bestFeatLabel = labels[bestFeat]  #求出数字对应的最优特征
        myTree = {bestFeatLabel:{}}    #构建myTree字典，在程序最后输出
        del(labels[bestFeat])    #将labels中的最优特征删除
        featValues = [example[bestFeat] for example in dataSet]  #将数据集
中最优特征对应列数据提出来
        uniqueVals = set(featValues)  #列出特征数据列属性类别
        for value in uniqueVals:  #遍历特征列所有属性类别
            subLabels = labels[:]  #除去最优特征后的子标签
            myTree[bestFeatLabel][value] =
createTree(splitDataSet(dataSet, bestFeat, value), subLabels)  #createTree()
函数递归调用
        return myTree  #返回决策树
```

定义主函数，其中只包含两条语句。

```
    if __name__ == '__main__':
        dataSet, labels = createDataSet1()        #导入数据集
        print(createTree(dataSet, labels))        #打印创建决策树函数的结果
```

# 3.3  k近邻算法

k 近邻算法是一种监督学习算法。在一个训练样本数据集中新增一个样本数据，在

这个训练样本数据集中找到与该样本数据最邻近的 $k$ 个样本数据（即 $k$ 个邻居），这 $k$ 个样本数据的多数属于哪一类，就把新增的这个样本数据分到该类中。

如图 3-10 所示，训练样本数据集中有两类样本数据，分别用蓝色正方形和红色三角形表示。除此之外，中间还有一个绿色圆形用来表示新增的未知类别的样本数据，那么怎么判断这个未知样本数据属于哪个类别呢？下面试着用 k 近邻算法的思想来进行分类。

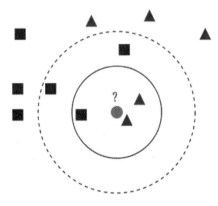

图 3-10　　k 近邻算法示意图

如果 $k=3$，可以看到在实线圆圈内除了要求的未知类别的样本数据外，还有三个样本数据，分别是两个红色三角形样本数据和一个蓝色正方形样本数据，根据少数服从多数原则，可以把这个未知样本数据分类为红色三角形样本数据。

如果 $k=5$，可以看到在虚线圆圈内除了要求的未知类别的样本数据外，还有五个样本数据，分别是两个红色三角形样本数据和三个蓝色正方形样本数据，根据少数服从多数原则，可以把这个未知样本数据分类为蓝色正方形样本数据。

这就是 k 近邻算法的核心思想，但想要在实际应用中巧妙运用还需要注意很多东西。

## 3.3.1　$k$ 值的选取及特征归一化

### 1. $k$ 值的选取

在图 3-10 中，可以看到如果 $k=3$，就可以把这个未知样本数据分类为红色三角形样本数据。如果 $k=5$，就可以把这个未知样本数据分类为蓝色正方形样本数据。$k$ 值不同，得出的结果也有所不同，$k$ 值太大，容易导致分类模糊；$k$ 值太小，容易受个例影响，波动较大，那么怎么确定 $k$ 值的大小呢？

如何选取 $k$ 值，常见的有三种方法。

（1）根据数据集类别人为判定。

（2）依据均方根误差。

$$\mathrm{RMSE} = \sqrt{\frac{1}{N}\sum_{t=1}^{N}(\mathrm{e}_t - \mathrm{predicted}_t)^2} \qquad (3\text{-}65)$$

（3）交叉验证。

在给定的建模样本中，拿出大部分样本进行建模，留小部分样本用刚建立的模型进行预报，并求这小部分样本的预报误差，记录它们的平方和。

$k$ 值确定以后，还要找到"最邻近"的 $k$ 个实例，那么怎么度量"最邻近"呢？

这里给出几种常见的度量方式。

设特征空间 $X$ 是 $n$ 维实数向量空间 $R^n$，$x_i, x_j \in X$，$x_i = (x_i^{(1)}, +x_i^{(2)}, \cdots, x_i^{(n)})^{\mathrm{T}}$，$x_j = (x_j^{(1)}, x_j^{(2)}, \cdots, x_j^{(n)})^{\mathrm{T}}$，$x_i, x_j$ 的 $L_{\mathrm{p}}$ 距离定义为

$$L_p(x_i, x_j) = \left(\sum_{i=1}^{n}|x_i^{(1)} - x_j^{(1)}|^p\right)^{\frac{1}{p}}$$
$$(3\text{-}66)$$

这里的 $p \geqslant 1$，当 $p=2$ 时，称为欧氏距离，即

$$L_2(x_i, x_j) = \left(\sum_{i=1}^{n}|x_i^{(1)} - x_j^{(1)}|^2\right)^{\frac{1}{2}} \qquad (3\text{-}67)$$

当 $p=1$ 时，称为曼哈顿距离，即

$$L_1(x_i, x_j) = \sum_{i=1}^{n}|x_i^{(1)} - x_j^{(1)}| \qquad (3\text{-}68)$$

当 $p=\infty$ 时，称为切比雪夫距离，它是各个坐标距离的最大值，即

$$L_\infty(x_i, x_j) = \max|x_i^{(1)} - x_j^{(1)}| \qquad (3\text{-}69)$$

一般选取欧氏距离来表示。

## 2. 特征归一化

在使用两个特征数据时，由于不能保证两个特征数据是同等重要的，因此就会出现最后结果的不公正性。以身高和脚码为例，通常情况下，第一维身高特征是第二维脚码特征的四倍左右，这两个特征数据的特征量纲是不同的，如果以欧氏距离算出结果，这样的结果必然和真实结果有所差异，显然是不客观的。因此，就需要进行特征归一化，使每个特征都变得同等重要。

一般来说，假设进行 k 近邻分类使用的样本的特征为 $\{(x_{i1}, x_{i2}, \cdots, x_{in})\}_{i=1}^{m}$，取每一轴上的最大值减最小值：

$$M_j = \max_{i=1,\cdots,m} x_{ij} - \min_{i=1,\cdots,m} x_{ij} \tag{3-70}$$

并且在计算距离时将每一个坐标轴除以相应的 $M_j$ 以进行归一化，即

$$d((y_1, \cdots, y_n), (z_1, \cdots, z_n)) = \sqrt{\sum_{j=1}^{n} (\frac{y_j}{M_j} - \frac{z_j}{M_j})^2} \tag{3-71}$$

这就是特征归一化，在进行 k 近邻计算之前，都需要进行特征归一化，只有当每一维的数据经过特征归一化变得同等重要之后，进行的 k 近邻计算才是准确的，程序代码如下。

```
import numpy as np                              #导入NumPy库
x_train = np.array([6, 2, 24, -6, 10])          #把数据转化为数组赋给x_train
x_min, x_max = x_train.min(), x_train.max() #取x_train中最大值和最小值
print(x_min, x_max)           #打印最大值和最小值
x_nomal=(x_train - x_min) / (x_max - x_min) #利用公式进行特征归一化
print(x_nomal)               #打印特征归一化后的数据
```

最后的结果如图 3-11 所示。

```
C:\Users\Administrator\anaconda3\python.exe D:/software/pycharm/project/knn3.py
-6 24
[0.4        0.26666667 1.        0.        0.53333333]

Process finished with exit code 0
```

图 3-11　特征归一化结果

## ⊙ 3.3.2 kd 树

### 1. kd 树的概念

kd 树的概念是 1975 年提出的，它是一种对 $k$ 维空间中的实例点进行存储，以便对其进行快速检索的树形数据结构。kd 树的主要作用是帮助 k 近邻算法对其训练数据进行快速搜索，它能大幅提高 k 近邻算法的搜索效率。

k 近邻：每次预测一个点时，都需要把训练数据集中的每个点与这个预测点的距离求出来，计算量非常大。

kd 树：把与距离相关的信息保存在一棵树中，使用 kd 树搜索可以很快地找到与预测点最邻近的 $k$ 个训练点，不再需要计算预测点和训练数据集中每个点的距离。

kd 树其实是一种二叉树，它是对 $k$ 维空间的一种分割，它不断地利用垂直于坐标轴的超平面，对 $k$ 维空间进行分割，从而形成 $k$ 维超矩形区域，kd 树的每一个节点对应一个 $k$ 维超矩形区域。

### 2. kd 树的构造

为了更好地理解 kd 树，接下来用一个实例来介绍 kd 树的原理和构造流程。

先给定一个二维数据集{（6，5），（1，-3），（-6，-5），（-4，-10），（-2，-1），（-5，12），（2，13），（17，-12），（8，-22），（15，-13），（10，-6），（7，15），（14，1）}，如图 3-12 所示。

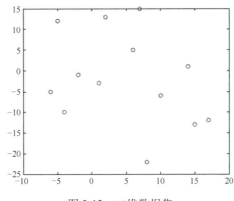

图 3-12　二维数据集

定义横轴为 $x$（1）轴，纵轴为 $x$（2）轴。在对 kd 树进行构造之前先了解以下公式：

$$L = j(\bmod k) + 1 \tag{3-72}$$

式中，$j(\bmod k)$ 表示 $j$ 除以 $k$ 的余数，$j$ 代表 kd 树的深度，$k$ 代表数据的维度；$L$ 代表以哪个坐标轴进行切分，这里指 $x$（1）或 $x$（2）。

下面是构建 kd 树的步骤。

第一步：当树的深度为 0 时，可以算出 $L$ 为 1。因此以 $x$（1）为坐标轴，把训练集中所有数据 $x$（1）坐标的中位数作为切分点（如果数据为偶数个，那么中位数取所有数据中最中间两个数中的任意一个），这里的中位数为 6，即以（6，5）为切分点，切分整个区域，如图 3-13 所示。深度为 0 的 kd 树如图 3-14 所示。

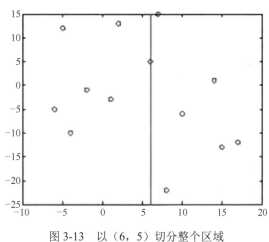

图 3-13　以（6，5）切分整个区域

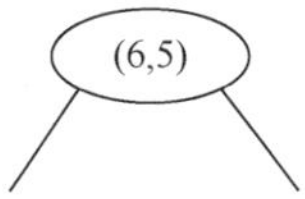

图 3-14　深度为 0 的 kd 树

第二步：当树的深度为 1 时，可以算出 $L$ 为 2。因此以 $x$（2）为坐标轴，把训练集中所有数据 $x$（2）坐标的中位数作为切分点，左边区域中位数为 6，右边区域中位数为 -12，即以（1，-3）和（17，-12）为切分点，切分整个区域，如图 3-15 所示。深度为 1 的 kd 树如图 3-16 所示。

第三步：以此类推，进一步对区域进行切分，可以得到深度为 2 和深度为 3 的区域图和二叉树图，如图 3-17 和图 3-18 所示。

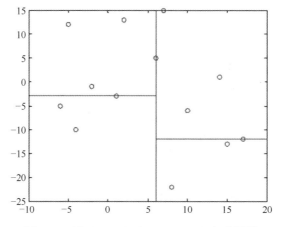

图 3-15　以（1，-3）和（17，-12）切分区域

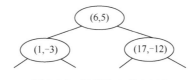

图 3-16　深度为 1 的 kd 树

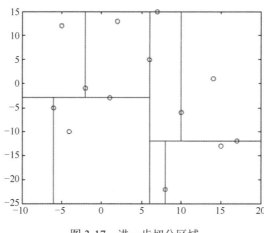

图 3-17　进一步切分区域

　　由于最后分割的小区域内只剩下一个点或者没有点，因此最终的 kd 树如图 3-19 所示。

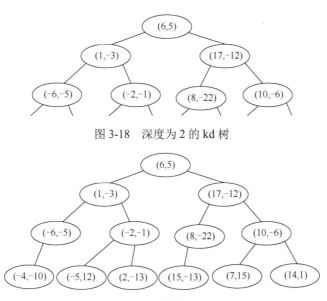

图 3-18　深度为 2 的 kd 树

图 3-19　最终的 kd 树

总结 kd 树构造流程：首先，选取 $x(L)$（$L=1$ 或 2）为坐标轴中的横轴和纵轴，根据公式 $L=j(\mathrm{mod}\,k)+1$，以训练集中所有数据 $x(L)$ 坐标的中位数作为切分点，将超矩形区域切割成两个子区域。然后，把该节点作为根节点，由根节点往下分成深度为 1 的左、右子节点，左子节点对应的 $x(L)$ 坐标小于切分点，右子节点对应的 $x(L)$ 坐标大于切分点。最后，把左、右子节点分别作为根节点，重复以上过程，直到两个子区域没有数据时停止。

### 3. kd 树搜索

在介绍 kd 树搜索之前，先来了解一下 kd 树搜索的算法流程。仍以上面的二维数组为例，假设需要寻找 $p$ 点；（-1，-5）的 $k$（假设 $k=3$）个近邻点。设 $S$ 是存放 $k$ 值的容器。算法流程如下。

（1）根据 $p$ 点的坐标在 kd 树中进行搜索，在 $x(L)$ 轴上，用根节点的坐标和 $p$ 点坐标相比较，$p$ 点坐标小于根节点，则走左子节点；$p$ 点坐标大于根节点，则走右子节点。直至走到叶节点。

（2）将叶节点标记为已访问。如果 $S$ 中没有装满 $k$ 个值，则把该节点装入 $S$ 中；如

果 $S$ 中装满了 $k$ 个值，则计算该节点和 $p$ 点的距离，如果该节点与 $p$ 点的距离小于 $S$ 中最大的节点与 $p$ 点的距离，则用当前的节点替换掉 $S$ 中与 $p$ 点距离最大的节点。

a. 如果当前节点不是最初的根节点，则执行 b；反之，算法结束。

b. 返回至当前节点的父节点，将当前节点标记为已访问；如果当前节点已被访问，则执行 c。

c. 如果此时 $S$ 中还未装满 $k$ 个值，则将当前节点装入 $S$ 中；如果 $S$ 中装满了 $k$ 个值，则计算该节点和 $p$ 点的距离，如果该节点与 $p$ 点的距离小于 $S$ 中最大的节点与 $p$ 点的距离，则用当前的节点替换掉 $S$ 中与 $p$ 点距离最大的节点。

（3）计算 $p$ 点和当前节点切分线的距离，如果此距离大于或等于 $S$ 中节点与 $p$ 点的最大距离，并且 $S$ 中装满了 $k$ 个值，则执行（2）；如果此距离小于 $S$ 中节点与 $p$ 点的最大距离，或者 $S$ 中未装满 $k$ 个值，则从当前节点的另一个子节点执行（1）；如果当前节点没有另一个子节点，则执行（2）。

下面以图 3-19 所示的 kd 树为例，讲解 kd 树搜索流程。

第一步：以 $p$ 点（-1，-5）和 kd 树根节点 $a$（6，5）进行比较。在 $x$（$L$）（此时 $L=1$）轴上，-1<6，向左搜索到达节点 $b$（1，-3）。在 $x$（$L$）（此时 $L=2$）轴上，-5<-3，向左搜索到达节点 $d$（-6，-5），一直搜索到叶节点 $h$（-4，-10），如图 3-20 所示。

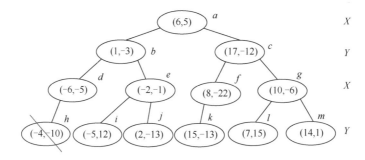

图 3-20　kd 树搜索到节点 $h$

第二步：把叶节点 $h$（-4，-10）标记为已访问，$S$ 中未装满 $k$ 个值，此时把节点 $h$ 装入 $S$ 中，因此 $S=\{h\}$，如图 3-21 所示。节点 $h$ 不是最初的根节点，返回其父节点 $d$，将节点 $d$（-6，-5）标记为已访问，如图 3-22 所示。$S$ 中未装满 $k$ 个值，将节点 $d$ 加入 $S$

中，因此 $S=\{h,d\}$，如图 3-23 所示。计算 $p$ 点和节点 $d$ 切分线的距离，节点 $d$ 没有另一个分支。

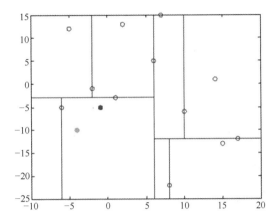

图 3-21　将节点 $h$ 装入 $S$ 中

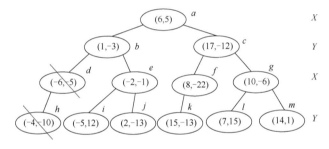

图 3-22　kd 树搜索到节点 $d$

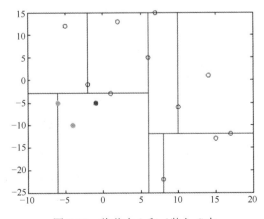

图 3-23　将节点 $h$ 和 $d$ 装入 $S$ 中

第三步：节点 d 不是最初的根节点，回退到其父节点 b（1，-3），将节点 b 标记为已访问，如图 3-24 所示。S 中未装满 k 个值，将节点 b 加入 S 中，因此 S={h,d,b}，如图 3-25 所示。计算 p 点和节点 b 切分线的距离，该距离为 2，小于 S 中的最大距离（S 中的三个节点与 p 点的距离分别为 $\sqrt{34}$、5、$\sqrt{8}$），因此需要从节点 b 的另一个子节点 e（-2，-1）开始计算。

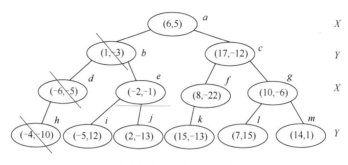

图 3-24　kd 树搜索到节点 b

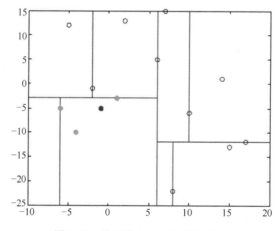

图 3-25　将节点 h、d、b 装入 S 中

第四步：在 x（L）（此时 L=1）轴上，-1>-2，向右走到叶节点 j（2，-13），把叶节点 j 标记为已访问，如图 3-26 所示。S 已装满，计算当前节点 j 与 p 点的距离为 18.2，大于 S 中的最大距离，因此不把节点 j 放入 S 中。节点 j 不是最初的根节点，返回其父节点 e（-2，-1），标记为已访问。S 已装满，计算当前节点 e 与 p 点的距离为 $\sqrt{17}$，小于 S 中的最大距离（节点 h 与 p 点的距离），用节点 e 替换节点 h。计算 p 点和节点 e 切分

线的距离，两者距离为 1，小于 $S$ 中的最大距离，所以需要从节点 $e$ 的另一个子节点 $i$ 开始计算，此时 $S=\{d,b,e\}$，如图 3-27 所示。

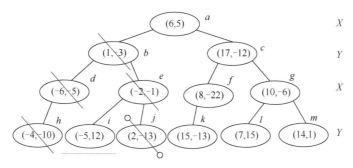

图 3-26  kd 树搜索到节点 $j$

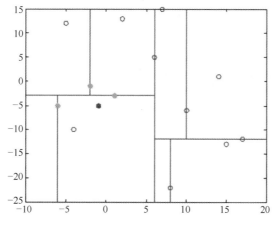

图 3-27  将节点 $d$、$e$ 装入 $S$ 中

第五步：由于节点 $i$（-5，12）为叶节点，直接计算节点 $i$ 和 $p$ 点的距离为 $\sqrt{305}$，大于 $S$ 中的最大距离，因此不替换。退回到其父节点 $e$，$e$ 被标记为已访问，返回其父节点 $b$，$b$ 也被标记为已访问，继续返回其父节点 $a$，$a$ 未被访问，此时计算节点 $a$ 和 $p$ 点的距离为 $\sqrt{149}$，大于 $S$ 中的最大距离，因此不进行替换，再对 $p$ 点和节点 $a$ 切分线的距离进行计算，该距离为 7，大于 $S$ 中的最大距离，也不进行替换。

至此，kd 树搜索完毕，如图 3-28 所示，此时 $S=\{d,b,e\}$。因此，可以知道 $p$ 点的三个近邻点为（-6，-5）、（1，-3）、（-2，-1）。

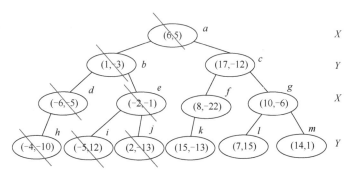

图 3-28  kd 树搜索完毕

总结：（1）找到叶节点，判断是否能加入最近邻 S。

（2）回退到父节点，继续判断是否能加入最近邻 S。

（3）计算目标点与回退的父节点切分线的距离，判断另一个子节点是否能加入最近邻 S。

### 3.3.3  k 近邻算法实例

介绍完 k 近邻和 kd 树构建及搜索方法之后，下面将以具体的实例讲解 kd 树构建的 Python 代码。

导入相关的库函数及依赖模块。

```
import matplotlib.pyplot as plt        # 导入相应的数据可视化模块
import numpy as np                     # 导入NumPy库
from math import sqrt                  # 从数学库中导入用于开根运算的方法
sqrt
from collections import Counter        # 从collections库中导入Counter模
块
```

建立数据集 dataSet 和一个未知类型样本点 p。

```
dataSet = [[6, 5],                     #建立数据集
          [1, -3],
          [-6, -5],
          [-4, -10],
          [-2, -1],
          [-5, 12],
          [2, 13],
```

```
                      [17, -12],
                      [8, -22],
                      [15, -13],
                      [10, -6],
                      [7, 15],
                      [14, 1]]
        p = [-1, -5]                # 建立一个未知类型样本点 p
```

定义类 Node，在类 Node 中创建一个数据类别 data、一个左子树类别 lchild 和一个右子树类别 rchild。

```
    class Node:                     # 建立一个节点类
        def __init__(self, data, lchild = None, rchild = None):
            self.data = data        # 创建一个数据类别
            self.lchild = lchild    # 创建一个左子树类别
            self.rchild = rchild    # 创建一个右子树类别
```

定义类 KdTree，接着定义初始化函数、kd 树函数 create()、排序函数 sort()、显示 kd 树函数 preOrder()、显示 kd 树搜索函数 search() 和欧氏距离计算函数 dist()。初始化函数用于创建一个 kd 树的新类别，其初始值为空值。create() 函数用于创建 kd 树，先用判断划分横纵轴，再把数据集中的数据通过排序取中位数之后，初次分类到左右子树之中。sort() 函数用于对所有数据进行冒泡排序，将排好序的数据分类到不同节点的左右子树之中。preOrder() 函数用于以先序遍历的方式将构建好的 kd 树显示出来。search() 函数用于 kd 树的搜索，此函数以 kd 树搜索流程算法，搜索未知类型样本点周围的样本点。dist() 函数用于欧氏距离的计算。

```
    class KdTree:                        # 建立一个kd树类
    def __init__(self):
        self.kdTree = None               # 创建一个kd树的新类别
    def create(self, dataSet, depth):    # 创建kd树函数
        if (len(dataSet) > 0):           # 判断数据集的长度是否大于0
            m, n = np.shape(dataSet)     # 读取数据集的行、列长度
            midIndex = int(m / 2)        # 找到中位数并以中位数作为索引位置
                axis = depth % n         # 判断划分轴（x（1）轴或者x（2）轴）
                sortedDataSet = self.sort(dataSet, axis)  # 进行排序
            if(m/2>int(m/2)):            # 用if判断将节点域设置为中位数
                node = Node(sortedDataSet[midIndex])
            else:
```

```
                    node = Node(sortedDataSet[midIndex-1])
                if (m / 2 > int(m / 2)):# 用if判断将数据进行分类（分为左子树或者
右子树）
                    leftDataSet = sortedDataSet[: midIndex]
                    rightDataSet = sortedDataSet[midIndex + 1:]
                else:
                    leftDataSet = sortedDataSet[: midIndex - 1]
                    rightDataSet = sortedDataSet[midIndex:]
                node.lchild = self.create(leftDataSet, depth+1) # 将中位数左
边样本传入node.lchild构建出左子树
            node.rchild = self.create(rightDataSet, depth+1)# 将中位数右边样本传入
node.rchild构建出右子树
                return node
            else:
                return None
    def sort(self, dataSet, axis):     # 创建冒泡排序函数，以aixs作为轴进行划分
        sortDataSet = dataSet[:]
        m, n = np.shape(sortDataSet)   # 读取sortDataSet的行、列长度
        for i in range(m):                 # 进行冒泡排序的主体部分
            for j in range(0, m - i - 1):
                if (sortDataSet[j][axis] > sortDataSet[j+1][axis]):
                    temp = sortDataSet[j]
                    sortDataSet[j] = sortDataSet[j+1]
                    sortDataSet[j+1] = temp
        print("sortDataSet", sortDataSet)   # 打印sortDataSet

        return sortDataSet              # 返回sortDataSet
    def preOrder(self, node):          # 构建preOrder()函数，选择先序遍历显示
                                            树的创建

        if node != None:
            print("tttt->%s" % node.data)
            self.preOrder(node.lchild)
            self.preOrder(node.rchild)
    def search(self, tree, x):              # 构建kd树的搜索函数
        self.nearestPoint = None            # 保存最近的点
        self.nearestValue = 0               # 保存最近的值
        def travel(node, depth = 0):        # 递归搜索
            if node != None:                # 用if判断递归终止条件
```

```
                n = len(x)                      # 找出特征数
                axis = depth % n                # 计算轴的深度
                if x[axis] < node.data[axis]:   # 如果数据小于节点中的数据，则
往左节点寻找
                    travel(node.lchild, depth+1)
                else:
                        travel(node.rchild, depth+1)  # 如果数据大于节点中的数据，
则往右节点寻找
                distNodeAndX = self.dist(x, node.data)  #目标和节点的距离判
断
                if (self.nearestPoint == None):  # 确定当前点，更新最近的点和
最近的值
                    self.nearestPoint = node.data
                    self.nearestValue = distNodeAndX
                elif (self.nearestValue > distNodeAndX):
                    self.nearestPoint = node.data
                    self.nearestValue = distNodeAndX
                if (abs(x[axis] - node.data[axis]) <= self.nearestValue):
#确定是否需要去子节点的区域寻找
                    if x[axis] < node.data[axis]:
                        travel(node.rchild, depth+1)
                    else:
                        travel(node.lchild, depth + 1)
        travel(tree)
        return self.nearestPoint
    def dist(self, x1, x2):                      # 欧氏距离的计算
        return ((np.array(x1) - np.array(x2)) ** 2).sum() ** 0.5
```

定义 knn ()函数，此函数先为前面数据集中的每个数据样本定义类型（0 或 1），再将数据集中的数据样本以散点图的形式显示出来（0 为绿色，1 为红色），未知类型样本点在散点图中以蓝色显示。当自定义 k=3 之后，可以用距离公式找到并打印离未知类型样本点最近的三个已知类型样本点。最后打印未知类型样本点的类型。

```
    def knn():                          # 定义k近邻函数
        raw_data_Y = [0, 0, 0, 0, 0, 0, 0, 1, 1, 1, 1, 0, 1] # 定义两种类型
        x_train = np.array(dataSet)        # 把数据集转化为数组并赋给x_train
        y_train = np.array(raw_data_Y)    # 把类型转化为数组并赋给y_train
        print("x_train", x_train)          # 打印x_train
```

```
        print("y_train", y_train)              # 打印y_train
        plt.figure(1)
        plt.scatter(x_train[y_train == 0, 1], x_train[y_train == 0, 0],
color="g")
        plt.scatter(x_train[y_train == 1, 0], x_train[y_train == 1, 1],
color="r")          # 绘制图形并输出散点图
    x = np.array(p)    # 定义一个新的点，需要判断它属于哪种数据类型
     plt.scatter(x[0], x[1], color="b")    # 在散点图中输出未知类型的点
    distance = []                          # 创建一个空列表
    for x_train in x_train:                # 利用公式计算距离
        d = sqrt(np.sum((x_train - x) ** 2))
        distance.append(d)                 # 把距离追加到列表中
    print("distance", distance)            # 打印距离distance
    d1 = np.argsort(distance)              # 输出distance排序的索引值
    print("d1", d1)                        # 打印索引值
    k = 3                                  # k值的选取，这里定义为k=3
    n_k = [y_train[(d1[i])] for i in range(0, k)]      # 与p点距离最小的
三个类型
    coo = [dataSet[(d1[i])] for i in range(0, k)]      # 与p点距离最小的
三个坐标点
    print("coo", coo)                      # 打印坐标点
    print("n_k", n_k)                      # 打印类型
    c = Counter(n_k).most_common(1)[0][0]  # Counter模块用来输出一个列表
中元素的个数，输出的形式为列表，其中的元素为不同的元组
    y_predict = c
    print("y_predict", y_predict)          # 打印预测的类型
    plt.show()                             # 输出点的个数
```

定义 kd()函数，此函数依次调用 kdtree 类的 create()函数和 preOrder()函数。

```
def kd():                              #定义kd()函数
    kdtree = KdTree()
    tree = kdtree.create(dataSet, 0) # 调用kdtree类的create()函数
    kdtree.preOrder(tree)                  # 调用kdtree类的preOrder()函数
print(kdtree.search(tree, p))          # 调用并打印kdtree类的search()函数
```

定义主函数，此函数依次执行 knn()函数和 kd()函数。

```
if __name__ == '__main__':             # 主函数
    knn()
kd()
```

## 3.4  支持向量机算法

支持向量机（SVM）是监督学习算法的一种，是由模式识别中的广义肖像算法发展而来的分类器，其早期工作来自前苏联学者 Vladimir N. Vapnik 和 Alexander Y. Lerner 在 1963 年发表的研究。1964 年，Vapnik 和 Alexey Y. Chervonenkis 对广义肖像算法进行了进一步讨论，并建立了硬边距的线性 SVM。20 世纪 70～80 年代，随着模式识别中最大边距决策边界的理论研究、基于松弛变量的规划问题求解技术的出现，以及 VC 维的提出，SVM 被逐步理论化并成为统计学习理论的一部分。支持向量机是一种二元分类的广义线性分类算法，其决策边界是对学习样本求解的最大边距超平面。该算法从数学的角度看有完善的推导过程，是一个非常优雅的算法。

### ⊙ 3.4.1  线性可分性

#### 1. 线性可分性介绍

前面提到，支持向量机是一种广义线性分类算法，下面先来了解一下什么是线性可分。

以二维空间为例，如果两类数据点可以被一条直线完全分开，则称这批数据是线性可分的数据。如图 3-29 所示，左图为线性可分，右图为线性不可分。

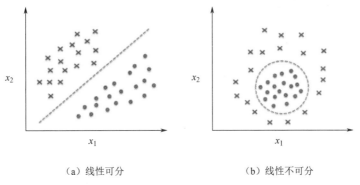

（a）线性可分　　　　　　　　　（b）线性不可分

图 3-29　线性可分和线性不可分

用数学的方式来描述就是：$S_0$ 和 $S_1$ 是 $n$ 维欧氏空间中的两个点集。如果存在 $n$ 维向量 $w$ 和实数 $b$，使得所有属于 $S_0$ 的点 $x_i$ 都有 $wx_i+b>0$，而所有属于 $S_1$ 的点 $x_j$ 都有 $wx_j+b<0$，

则称 $S_0$ 和 $S_1$ 线性可分。

### 2. 最大间隔与支持向量

如果仅仅像前面所描述的那样，找到一个线性可分的分界面就行了，那支持向量机就和感知器没有太大的区别了。但事实上，支持向量机所找到的分界面是需要满足一定的条件的，主要是满足最大间隔的要求，下面来看一下最大间隔的含义。

对于 SVM，存在一个分类面，两个点集到此平面的最小距离最大，两个点集中的边缘点到此平面的距离最大。如图 3-30 所示，左边的肯定不是最优分类面，而右边的是最优分类面。

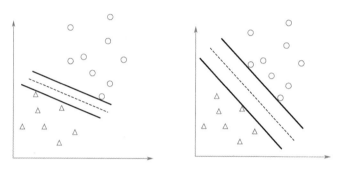

图 3-30　最优分类面

在图 3-30 右边的图中，各类样本点中距离超平面最近的那些点称为支持向量。SVM的目标就是找到这些样本点到分隔超平面的距离最大的那个间隔超平面，也就是最大间隔超平面。

### 3. SVM 最优化问题

要理解 SVM 寻找最大间隔超平面的步骤，首先要看一下任意超平面的线性方程描述：

$$w^{\mathrm{T}}x + b = 0 \tag{3-73}$$

现在假设有一个二维空间的数据点 $(x,y)$，该点到直线 $Ax+By+C=0$ 的距离公式如下：

$$\frac{\left|Ax + By + C\right|}{\sqrt{A^2 + B^2}} \tag{3-74}$$

扩展到 $n$ 维空间后，点 $x=(x_1,x_2,\cdots,x_n)$ 到超平面 $w^{\mathrm{T}}x+b=0$ 的距离公式如下：

$$\frac{\left|w^{\mathrm{T}}+b\right|}{\|w\|}$$ （3-75）

式中，$\|w\|=\sqrt{w_1^2+\cdots+w_n^2}$。

根据支持向量的定义可以知道，如果支持向量到超平面的距离为 $d$，则其他点到超平面的距离一定大于 $d$。于是有这样的一组公式：

$$\begin{cases} \dfrac{w^{\mathrm{T}}x+b}{\|w\|}\geq d, & y=1 \\[4mm] \dfrac{w^{\mathrm{T}}x+b}{\|w\|}\leq -d, & y=-1 \end{cases}$$ （3-76）

稍做转化可以得到：

$$\begin{cases} \dfrac{w^{\mathrm{T}}x+b}{\|w\|d}\geq 1, & y=1 \\[4mm] \dfrac{w^{\mathrm{T}}x+b}{\|w\|d}\leq -1, & y=-1 \end{cases}$$ （3-77）

容易理解，上面的公式中分母部分一定是一个正数，假设其为 1，则上面的公式可以转化为如下形式：

$$\begin{cases} w^{\mathrm{T}}x+b\geq 1, & y=1 \\[2mm] w^{\mathrm{T}}x+b\leq -1, & y=-1 \end{cases}$$ （3-78）

上面的两个方程可以合并为如下所示的一个方程：

$$y\left(w^{\mathrm{T}}x+b\right)\geq 1$$ （3-79）

由上式可以推出：$y\left(w^{\mathrm{T}}x+b\right)=\left|w^{\mathrm{T}}x+b\right|$。

所以，支持向量到这个最大分隔面的距离可以写成如下形式：

$$d=\frac{y\left(w^{\mathrm{T}}x+b\right)}{\|w\|}$$ （3-80）

目标就是最大化这个距离，即优化目标如下：

$$\max 2 \times \frac{y\left(w^{\mathrm{T}}x + b\right)}{\|w\|} \tag{3-81}$$

这里乘以 2 是为了方便后面的推导，对目标函数没有影响。由于前面假设了支持向量到该分隔面的距离为 1，所以上式又等价于：

$$\max \frac{2}{\|w\|} \tag{3-82}$$

对上式的优化等价于对下式的优化：

$$\min \frac{1}{2}\|w\|^2 \tag{3-83}$$

所以，最终需要解决的问题的数学形式如下：

$$\min \frac{1}{2}\|w\|^2 \text{ s.t. } y_i\left(w^{\mathrm{T}}x + b\right) \geqslant 1 \tag{3-84}$$

上面的这个问题是一个凸二次规划问题。对于凸函数（在数学表示上，满足约束条件是仿射函数，也就是线性的 $Ax+b$ 的形式）来说，局部最优就是全局最优。对于凸二次规划问题，可以通过一些现成的 QP（Quadratic Programming）优化工具来得到最优解。所以，问题到此就全部解决了。

## ⊙ 3.4.2  对偶问题

### 1. 对偶问题介绍

在上一节的最后提到，可以使用凸二次函数优化工具进行求解。但是该问题也有它的特殊结构，通过拉格朗日对偶性变换到对偶变量的优化问题之后，可以找到一种更加有效的方法来进行求解，而且通常情况下，这种方法比直接使用通用的 QP 优化工具进行优化要高效得多。也就说，除了采用解决 QP 问题的常规方法，还可以应用拉格朗日对偶性，通过求解对偶问题得到最优解，这就是线性可分条件下支持向量机的对偶算法。

对上一节中的式（3-73）使用拉格朗日乘子法，可以得到如下所示的拉格朗日函数：

$$L(w,b,a) = \frac{1}{2}\|w\|^2 + \sum_{i=1}^{m} a_i\left(1 - y_i\left(w^{\mathrm{T}}x_i + b\right)\right) \tag{3-85}$$

对上式中的 $w$ 和 $b$ 分别求偏导数，可以得到如下所示的结果：

$$\begin{cases} \dfrac{\partial L}{\partial w} = w - \displaystyle\sum_{i=1}^{m} a_i y_i x_i \\[3mm] \dfrac{\partial L}{\partial b} = \displaystyle\sum_{i=1}^{m} a_i y_i \end{cases} \tag{3-86}$$

令其分别为 0，可以得到：

$$\begin{cases} w = \displaystyle\sum_{i=1}^{m} a_i y_i x_i \\[3mm] \displaystyle\sum_{i=1}^{m} a_i y_i = 0 \end{cases} \tag{3-87}$$

将上式代入式（3-85）可得：

$$L(w, b, a) = \sum_{i=1}^{m} a_i - \frac{1}{2} \sum_{i=1}^{m} \sum_{j=1}^{m} a_i a_j y_i y_j x_i x_j$$

$$\sum_{i=1}^{m} a_i y_i = 0, \quad a_i \geqslant 0, \ i = 1, 2, \cdots, m \tag{3-88}$$

此时，原问题就转化为以下仅关于 $\alpha$ 的问题：

$$\max_{a} \sum_{i=1}^{m} a_i - \frac{1}{2} \sum_{i=1}^{m} \sum_{j=1}^{m} a_i a_j y_i y_j x_i x_j$$

$$\sum_{i=1}^{m} a_i y_i = 0, \quad a_i \geqslant 0, \ i = 1, 2, \cdots, m \tag{3-89}$$

这就是对偶问题（如果知道 $\alpha$，就知道了 $w$）。这时候就变成了关于对偶变量 $\alpha$ 的优化问题。

注意到 SVM 基本型的公式里有不等式约束，所以上述过程需要满足如下 KKT 条件：

$$\begin{cases} a_i \geqslant 0 \\ y_i f(x_i) - 1 \geqslant 0 \\ a_i(y_i f(x_i) - 1) = 0 \end{cases} \tag{3-90}$$

从 KKT 条件可以看出，对任何一个训练样本，总有 $a_i = 0$ 或 $y_i f(x_i) = 1$，若前者成立，则该样本不会对决策面产生任何影响。否则，该样本应该位于决策面上，是一个支持向量。这是支持向量机的一个重要性质，最终决策面只由那部分很少的支持向量所决定，与大多数的其他样本没有任何关系，这也是支持向量机的名称的来历。

当求解得到最优的 $a*$ 后，就可以代入上面的公式，求出 $w*$ 和 $b*$ 了。具体求解过程如下：

$$y_i = w^* x_i + b$$

$$w^* = \sum_{i=1}^{m} a^* y_i x_i$$

$$b^* = y_i - w^* x_i$$

$$= y_i - \sum_{i=1}^{m} a^* y_i x_i x_j \tag{3-91}$$

有了 $w*$ 和 $b*$ 也就等价于得出了分隔超平面和分类决策函数，也就是训练好了 SVM。有一个新的样本 $x$ 后，就可以这样进行分类了：

$$f(x) = \text{sgn}(w*x + b)$$

$$= \text{sgn}\left(\left(\sum_{i=1}^{N} a_i y_i x_i\right) * x + b\right)$$

$$= \text{sgn}\left(\sum_{i=1}^{N} a_i y_i (x_i * x) + b\right) \tag{3-92}$$

### 2. SMO 优化算法

SVM 的学习问题可以转化为下面的对偶问题：

$$\max_a \sum_{i=1}^{m} a_i - \frac{1}{2} \sum_{i=1}^{m} \sum_{j=1}^{m} a_i a_j y_i y_j x_i x_j$$

$$\sum_{i=1}^{m} a_i y_i = 0, a_i \geqslant 0, i = 1, 2, \cdots, m \tag{3-93}$$

需要满足的 KKT 条件如下：

$$\begin{cases} a_i \geqslant 0 \\ y_i f(x_i) - 1 \geqslant 0 \\ a_i (y_i f(x_i) - 1) = 0 \end{cases} \tag{3-94}$$

也就是说找到一组 $a_i$，可以满足上面的这些条件，就是该目标的一个最优解。所以优化目标是找到一组最优的 $a_i^*$，一旦求出这些 $a_i^*$，就很容易计算出权重向量 $w^*$ 和 $b^*$，并得到分隔超平面。

这是个凸二次规划问题，它具有全局最优解，一般可以通过现有的工具来优化。但当训练样本非常多的时候，这些优化算法往往非常耗时且低效，以致无法使用。SMO 算法的思想很简单，它将大优化问题分解成多个小优化问题。这些小问题往往比较容易求解，并且对它们进行顺序求解的结果与将他们作为整体来求解的结果完全一致。在结果完全一致的同时，SMO 算法的求解时间短很多。

SMO 算法的大致做法是固定 $a_i$ 之外的所有参数，在 $a_i$ 上求极值。如果固定 $a_i$ 以外的所有参数，则 $a_i$ 也可由其他变量导出。所以，SMO 算法其实每次选择两个变量 $a_i$ 和 $a_j$，固定其他参数，这样参数初始化后，就可以重复下面的过程，直到收敛。

（1）选择两个拉格朗日乘子 $a_i$ 和 $a_j$。

（2）固定其他拉格朗日乘子 $a_k$（$k$ 不等于 $i$ 和 $j$），只对 $a_i$ 和 $a_j$ 进行优化。

因为有约束：

$$\sum_{i=1}^{n} a_i y_i = 0 \tag{3-95}$$

实际上，$a_i$ 和 $a_j$ 的关系也可以确定。$a_i y_i + a_j y_j = C$，这两个参数的和或者差是一个常数。所以虽然选择了一对 $a_i$ 和 $a_j$，但还是只选择了其中一个，将另一个写成关于它的表达式，代入目标函数即可得到关于 $a_i$ 的单变量二次规划问题，仅有的约束是 $a_i \geqslant 0$。这样的二次规划问题是具有闭式解的，可以非常高效地计算出更新后的 $a_i$ 和 $a_j$。

## ⊚ 3.4.3 核函数

到目前为止，虽然已经得到了 SVM 的解决方法，但是现在的 SVM 能力较弱，只能处理线性分类问题，下面看看如何利用核函数将其推广到非线性分类问题。

如果已经按照前面的内容得到了分隔超平面，现在要对一个新的数据点 $x$ 进行分类的话，实际上就是将 $x$ 代入 $f(x) = w^{\mathrm{T}} x + b$ 算出结果，然后根据其正负号来进行类别划分，而从前面的推导中得到：

$$w = \sum_{i=1}^{n} a_i y_i x_i \tag{3-96}$$

因此分类函数为

$$f(x) = \left( \sum_{i=1}^{n} a_i y_i x_i \right)^{\mathrm{T}} x + b$$

$$= \sum_{i=1}^{n} a_i y_i <x_i, x> + b \tag{3-97}$$

这种形式的特别之处在于，对于新数据点 $x$ 的预测，只需要计算它与训练数据点的内积即可。

然而，大部分情况下数据并不是线性可分的，这个时候满足条件的超平面根本不存在。前面已经介绍了 SVM 处理线性可分数据的情况，那对于非线性数据 SVM 怎么处理呢？对于非线性的情况，SVM 的处理方法是选择一个核函数，通过将数据映射到高维空间来解决在原始空间中线性不可分的问题。具体来说，在线性不可分的情况下，支持向量机首先在低维空间中完成计算，然后通过核函数将输入空间映射到高维特征空间，最终在高维特征空间中构造出最优分隔超平面，从而把平面上本身不好分的非线性数据分开。如图 3-31 所示，一堆数据在二维空间中无法划分，将其映射到三维空间中划分。

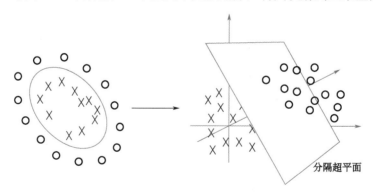

图 3-31　将输入空间映射到高维特征空间

在使用核函数之前，如果用原始的方法，那么用线性学习器学习一个非线性关系，需要选择一个非线性特征集，并且将数据写成新的表达形式，这等价于应用一个固定的非线性映射，将数据映射到特征空间，在特征空间中使用线性学习器，因此，考虑的假设集是这种类型的函数：

$$f(x) = \sum_{i=1}^{N} w_i \varphi_i(x) + b \qquad (3\text{-}98)$$

这里的 $\varphi : X \rightarrow F$ 是从输入空间到某个特征空间的映射，这意味着建立非线性学习器分为两步：首先使用一个非线性映射将数据变换到特征空间 $F$，然后在特征空间中使用线性学习器分类。

由于对偶形式就是线性学习器的一个重要性质，这意味着假设可以表达为训练点的线性组合，因此决策规则可以用测试点和训练点的内积来表示：

$$f(x) = \sum_{i=1}^{l} a_i y_i < \varphi_i(x_i)^* \varphi_i(x) > + b \qquad (3\text{-}99)$$

如果有一种方式可以在特征空间中直接计算内积，就像在原始输入点的函数中一样，就有可能将两个步骤融合到一起，建立一个非线性学习器，这种方法称为核函数方法。

对所有 $x$ 和 $z$，核函数满足：

$$k(x,z) = \langle \varphi(x) \cdot \varphi(z) \rangle \qquad (3\text{-}100)$$

通过前面的分析可以看出，在 SVM 中使用核函数的主要好处在于可以避开直接在高维空间中进行计算，而结果却和高维空间进行特征计算等价。

常用的核函数主要有以下几种。

（1）线性核函数：

$$k(x,y) = x^{\mathrm{T}} y + c \qquad (3\text{-}101)$$

（2）多项式核函数：

$$k(x,y) = \left( a x^{\mathrm{T}} y + c \right)^{d} \qquad (3\text{-}102)$$

（3）径向基核函数：

$$k(x,y) = \exp\left( -y \| x - y \|^2 \right) \qquad (3\text{-}103)$$

（4）高斯核函数：

$$k(x,y) = \exp\left( -\frac{\| x - y \|^2}{2\sigma^2} \right) \qquad (3\text{-}104)$$

（5）sigmoid 核函数：

$$k(x, y) = \tanh\left(ax^{\mathrm{T}} + c\right) \tag{3-105}$$

这些核函数中应用最广的是径向基核函数，无论是小样本还是大样本、高维还是低维，径向基核函数均适用。与其他核函数相比，它具有以下优点。

（1）径向基核函数可以将一个样本映射到一个更高维的空间，而且线性核函数是径向基核函数的一个特例，也就是说，如果考虑使用径向基核函数，那就没有必要考虑线性核函数了。

（2）与多项式核函数相比，径向基核函数需要确定的参数更少，核函数参数的多少直接影响核函数的复杂程度。另外，当多项式的阶数比较高时，核矩阵的元素值将趋于无穷大或无穷小，而径向基核函数可以减少数值计算困难。

（3）对于某些参数，径向基核函数和 sigmoid 核函数具有相似的性能。

当然，在实际应用时，如果使用径向基核函数的效果不是很好，还是需要尝试其他的核函数，看一下到底哪种核函数在当前应用场景下效果最好。

## ⊚ 3.4.4  软间隔

在本章最开始讨论支持向量机的时候，就假定数据是线性可分的，即可以找到一个超平面将数据完全分开。后来为了处理非线性数据，使用核函数方法对原来的线性 SVM 进行了推广，使其也能处理非线性的情况。虽然将原始数据映射到高维空间之后，其能够线性分隔的概率大大增加，但是对于某些情况还是很难处理。

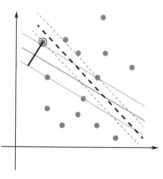

例如，可能并不是因为数据本身是非线性结构的，而只是因为数据有噪声。这种偏离正常位置很远的数据点被称为 outlier。在原来的 SVM 模型中，outlier 的存在有可能造成很大的影响，因为超平面本身就是由少数几个支持向量组成的，如果这些支持向量中又存在 outlier 的话，其影响就很大了，如图 3-32 所示。

图 3-32 中，用黑圈圈起来的点是一个 outlier，它偏离

图 3-32  outlier 示意图

了自己原本应该在的那个半空间，如果直接忽略它，原来的分隔超平面还是挺好的，但是由于这个 outlier 的出现，导致分隔超平面被挤歪了，变成图中黑色虚线所示，同时 margin 也相应变小了。当然，更严重的情况是，如果这个 outlier 再往右上移动一些距离的话，将无法构造出能将数据分开的超平面。

为了处理这种情况，SVM 允许数据点在一定程度上偏离超平面。例如图 3-32 中，黑色实线所对应的距离就是该 outlier 偏离的距离，如果把它移动回来，就刚好落在原来的超平面间隔边界上，而不会使超平面发生变形。也就是说，对于一些样本点，允许其样本值 $x_i$ 和标签值 $y_i$ 满足：

$$y_i\left(w^{\mathrm{T}}x_i + b\right) \leqslant 1 \tag{3-106}$$

也就是给予样本点与超平面的关系一些裕量，那么如何定义和量化这种裕量呢？可以引入松弛变量 $\xi_i > 0$，使上述关系变为

$$y_i\left(w^{\mathrm{T}}x_i + b\right) \geqslant 1 - \xi_i \tag{3-107}$$

但也不希望这个裕量太大，因为那样分类器可能就学不到一个有效的超平面。所以希望 $\xi_i$ 也能最小化。于是，优化问题变为

$$\min \frac{\|w\|^2}{2} + C\sum_{i=1}^{n}\xi_i$$

$$\text{s.t.} y_i\left(w^{\mathrm{T}}x_i + b\right) \geqslant 1 - \xi_i, i = 1, 2, \cdots, n$$

$$\xi_i \geqslant 0, i = 1, 2, \cdots, n \tag{3-108}$$

上式所述问题即软间隔支持向量机。这里的 $C$ 决定了能够容忍的程度，比如当 $C$ 很大的时候，为了使目标函数最小化，只能让 $\xi_i$ 接近于 0，这样就变成了硬间隔支持向量机。

软间隔支持向量机依然是一个凸二次规划问题，和硬间隔支持向量机类似，可以通过拉格朗日乘子法将其转换为对偶问题进行求解。

对应的拉格朗日函数定义为

$$L\left(w, b, a, \xi, \mu\right)$$

$$= \frac{\|w\|^2}{2} + C\sum_{i=1}^{n}\xi_i + \sum_{i=1}^{n}a_i\left(1 - \xi_i - y_i\left(w^{\mathrm{T}}x_i + b\right)\right) - \sum_{i=1}^{n}\mu_i\xi_i \tag{3-109}$$

其对应的 KKT 条件为

$$\begin{cases} 1-\xi_i-y_i\left(w^{\mathrm{T}}x_i+b\right)\leqslant 0 \\ -\xi_i\leqslant 0 \\ a_i\left(1-\xi_i-y_i\left(w^{\mathrm{T}}x_i+b\right)\right)=0 \\ \mu_i\xi_i=0 \\ a_i\geqslant 0 \\ \mu_i\geqslant 0 \end{cases} \quad (3\text{-}110)$$

式中，$i=1,2,\cdots,n$（$n$ 为样本个数）。

由 KKT 条件可知，$a_i$ 不等于 0 的都是支持向量，它有可能落在分隔线上，也有可能落在两条分隔线之间。

经过与上节相同的推导，对偶优化问题变成：

$$\max W\left(a\right)=\sum_{i=1}^{n}a_i-\frac{1}{2}\sum_{i=1,j=1}^{n}a_ia_jy_iy_jx_i^{\mathrm{T}}x_j$$

$$\text{s.t.}\quad C\geqslant a_i\geqslant 0,\sum_{i=1}^{n}a_iy_i=0 \quad (3\text{-}111)$$

上式中没有了参数 $\xi_i$，与之前模型唯一的不同之处在于多了 $a_i\leqslant C$ 的限制条件。

## ⊙ 3.4.5　支持向量机算法实例

前面分析了支持向量机算法的求解过程。下面对一个具体的实例进行求解。

假设现在有三个训练样本点，其中 $[2，4]^{\mathrm{T}}$ 和 $[3，5]^{\mathrm{T}}$ 为正例点，$[1，2]^{\mathrm{T}}$ 为负例点。下面使用 SMO 算法来求解支持向量机的决策面。

根据该问题的数据，可以得到对应的对偶问题：

$$\min_{a}\frac{1}{2}\sum_{i=1}^{3}\sum_{j=1}^{3}a_ia_jy_iy_j\left(x_i\cdot x_j\right)-\sum_{i=1}^{3}a_i$$

$$=\frac{1}{2}\left(20a_1^2+34a_2^2+5a_3^2+52a_1a_2+20a_1a_3+26a_2a_3\right)-a_1-a_2-a_3$$

$$\text{s.t.}\,a_1+a_2-a_3=0,\,a_i\geqslant 0,i=1,2,3 \quad (3\text{-}112)$$

将 $a_3=a_1+a_2$ 代入目标函数，可推出如下公式：

$$L\left(a_1,a_2\right)=\frac{5}{2}a_1^2+\frac{13}{2}a_2^2+8a_1a_2-2a_1-2a_2 \quad (3\text{-}113)$$

对上式中的 $a_1$ 和 $a_2$ 求偏导数并令其为 0，可推出该目标函数在点 $[-\frac{46}{5}, 6]^T$ 处取极值，但该点对应的 $a_1$ 不满足大于或等于 0 的约束条件，所以最小值应该在边界上取得。

当 $a_1 = 0$ 时，最小值 $L\left(0, \frac{2}{13}\right) = -\frac{2}{13}$；当 $a_2 = 0$ 时，最小值 $L\left(\frac{2}{5}, 0\right) = -\frac{2}{5}$。所以，目标函数在 $a_1 = \frac{2}{5}$ 和 $a_2 = 0$ 处达到最小，对应的 $a_3 = a_1 + a_2 = \frac{2}{5}$。现在就知道了 $a_1^*$ 和 $a_3^*$ 对应的训练样本点是支持向量。对应的决策面参数计算过程如下：

$$w^* = \sum_{i=1}^{3} a_i^* y_i x_i = [\frac{2}{5}, \frac{4}{5}]^T \tag{3-114}$$

$$b^* = y_1 - \sum_{i=1}^{3} y_i a_i^* (x_i * x_1) = -3 \tag{3-115}$$

由此可以得到决策面方程：

$$\frac{2}{5}x^{(1)} + \frac{4}{5}x^{(2)} - 3 = 0 \tag{3-116}$$

对应的分类决策函数为

$$f(x) = \text{sgn}\left(\frac{2}{5}x^{(1)} + \frac{4}{5}x^{(2)} - 3\right) \tag{3-117}$$

该实例的图形化结果如图 3-33 所示。

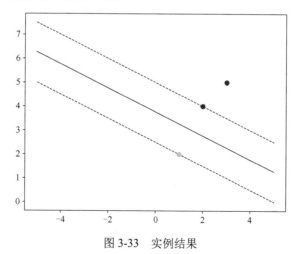

图 3-33　实例结果

# 本章小结

通过本章的学习，读者应了解常见的监督学习算法，包括线性回归、决策树、k 近邻和支持向量机算法，理解这些算法的数学思想和公式推导过程，包括线性回归算法中的最小二乘法和梯度下降法的公式推导、决策树生长过程的判断准则、k 近邻距离公式及支持向量机公式的推导和应用。

# 习　题

## 一、填空题

1．机器学习中常见的损失函数有_____、_____、_____、_____、_____。

2．均方差损失函数计算预测值和真实值之间的_____，预测值与真实值越接近，均方差就_____。

3．决策树生成过程主要分为以下三个步骤：_____、_____和_____。

4．信息熵表示信息的_____，信息熵_____，则信息的不确定程度越大。

5．经验熵表示随机变量的_____，经验条件熵表示在_____下随机变量的不确定性，信息增益则表示在某个条件下信息不确定性_____的程度。

6．将信息增益作为特征选择依据的弊端在于：信息增益偏向取值_____的特征。

7．基尼指数表示样本集合中一个随机选中的样本被分错的概率，基尼指数_____，表示集合的纯度_____。

8．k 近邻算法是一种_____（监督学习还是非监督学习）的分类算法，于 1968 年由 Cover 和 Hart 提出，用于判断某个对象的类别。

9．k 近邻算法的三个基本要素：_____、_____和_____。

10．k 近邻算法中 $k$ 值的选取方法有三种：_____、_____和

_____。

11．k 近邻算法中常见的度量方式有_____、_____、_____。

12．支持向量机中常见的核函数有_____、_____、_____、_____、_____。

## 二、单项选择题

1．在决策树中，关于信息增益的说法不正确的是（　　　　）。

   A．不纯度较小的节点需要更多的信息来区分总体

   B．信息增益可以使用熵得到

   C．信息增益更加倾向于选择有较多取值的属性

   D．ID3 算法采用信息增益来选择特征

2．下面明显属于回归问题的是（　　　　）。

   A．广告是否点击预测　　　　　　　B．房价估值预测

   C．西瓜好坏预测　　　　　　　　　D．垃圾邮件识别

3．下列关于梯度下降法中学习率的说法正确的是（　　　　）。

   A．学习率最好设置为很小的数值

   B．学习率最好设置为很大的数值

   C．学习率最好设置成可调的数值，先大后小

   D．学习率最好设置成可调的数值，先小后大

4．下面关于决策树什么时候停止划分数据集的说法正确的是（　　　　）。

   A．当前节点包含的样本属于同一类别

   B．当前属性集为空，或者所有样本在所有属性上取值相同，无法划分

   C．当前节点包含的样本集合为空，不能划分

   D．以上都对

5．以下不能有效解决过拟合的方法是（　　　　）。

   A．增加样本数量　　　　　　　　　B．通过特征选择减少特征数量

   C．训练中采用更多的迭代次数　　　D．采用正则化方法

6．下列有关支持向量机的说法不正确的是（　　　　）。

A．SVM 使用核函数的过程实质是进行特征转换的过程

B．SVM 对线性不可分的数据有较好的分类性能

C．SVM 因为使用了核函数，所以没有过拟合的风险

D．SVM 的支持向量是少数的几个数据点向量

7．k 近邻算法的基本要素不包括（　　）。

A．样本的大小　　　　　　　　　B．距离度量

C．分类决策规则　　　　　　　　D．k 值的选择

8．关于 k 近邻算法说法错误的是（　　）。

A．k 近邻算法是机器学习算法

B．k 近邻算法是监督学习算法

C．k 值的选择对分类结果没有影响

D．k 代表分类个数

9．支持向量指的是（　　）。

A．对原始数据进行采样得到的样本点

B．位于分类面上的点

C．能够被正确分类的数据点

D．决定分类面可以平移的范围的数据点

10．下面关于支持向量机的说法错误的是（　　）。

A．支持向量机是一种监督学习算法

B．支持向量机是一种生成式模型

C．支持向量机可用于多分类问题

D．支持向量机支持非线性核函数

## 三、问答题

1．简述支持向量机的基本工作原理。

2．简述决策树出现过拟合的原因及解决办法。

3．什么是最小二乘法？

# 第4章

# 非监督学习

 **内容梗概**

前面介绍了一系列监督学习算法。这类算法有一个共同点，那就是事先知道所有训练数据样本属于哪个类别。这类算法在大多数应用场景下是适用的，但在某些场景下，无法知道每个样本属于哪个类别，这类算法就无法使用了，这时该怎么办呢？这就需要用到本章将要介绍的算法——非监督学习算法。

大家在网上购物时，系统总会根据你的浏览行为推荐一些相关商品，这些商品是通过非监督学习中的聚类算法推荐出来的。非监督学习没有明确的学习目的，不需要给训练的数据打标签，其学习效果几乎无法衡量。非监督学习是机器学习的分支之一，主要分为聚类算法和降维算法。

 **学习重点**

1. 了解非监督学习的基本概念、分类、特点及应用。
2. 熟练掌握主成分分析降维算法的求解步骤及应用。
3. 熟练掌握 K-means 聚类算法的求解步骤及应用。

## 4.1 非监督学习概述

现实生活中常常会遇到这样的问题：由于缺乏足够的先验知识，因此难以人工标注类别或进行人工类别标注的成本太高。很自然地，人们希望计算机能够完成这些工作，或者至少提供一些帮助。根据类别未知（没有被标记）的训练样本解决模式识别中的各种问题，称为非监督学习。

### ⊙ 4.1.1 非监督学习的基本概念

非监督学习是一种在不知道数据标签的情况下，根据数据特征本身的特点将训练样本进行自动分类的学习方式，它是机器学习的分支之一，如图 4-1 所示。

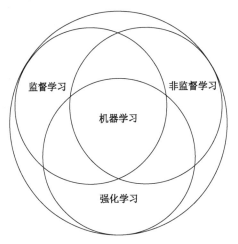

图 4-1 机器学习三大分支

非监督学习和监督学习所使用的训练样本的区别如图 4-2 所示，监督学习的训练样本在进行训练之前就已经给出了相应的标签，而非监督学习的训练样本是没有标签的。

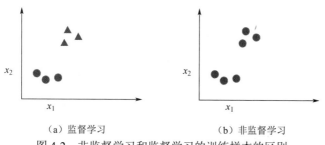

（a）监督学习　　　　　　　　（b）非监督学习

图 4-2　非监督学习和监督学习的训练样本的区别

在进行训练的时候，非监督学习和监督学习的训练方式的区别如图 4-3 所示。对于监督学习来说，根据已知训练样本的类型，用算法将其分开即可。而对于非监督学习来说，由于没有给出训练样本的标签，只能通过寻找这些训练样本之间的关系来进行分类，比如，图 4-3 中依据训练样本之间的聚集度将其分为两大类，即右图中两个圆圈所示。

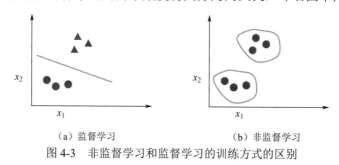

（a）监督学习　　　　　　　　（b）非监督学习

图 4-3　非监督学习和监督学习的训练方式的区别

## ⊙ 4.1.2　非监督学习的分类

非监督学习从实现方式来看可以分为两大类，一类是基于概率密度函数估计的直接方法，即设法找到各类别在特征空间的分布参数，再进行分类。另一类是基于样本间相似性度量的简洁聚类方法，其原理是设法确定不同类别的核心或初始内核，然后依据样本与核心之间的相似性度量将样本聚集成不同的类别。

另外，从目的来看，可以分为聚类和降维两大类。其中，前者是对没有标签的训练样本进行分类，后者是对训练样本的特征数据进行降维。本章主要介绍非监督学习中的数据降维和聚类算法。

### ⊙ 4.1.3  非监督学习的特点

这里主要将非监督学习和监督学习进行对比，两者的主要联系和区别有如下几个方面。

（1）有标签 vs 无标签。

监督学习又被称为"有老师的学习"，所谓的"老师"就是标签。而非监督学习又被称为"没有老师的学习"，相比于监督学习，非监督学习没有训练的过程，而是直接拿数据进行建模分析。

（2）分类 vs 聚类。

监督学习的核心是分类，非监督学习的核心是聚类（将数据集合分成由类似的对象组成的多个类）。

（3）同维 vs 降维。

监督学习的输入如果是 $n$ 维的，则数据特征也被认定是 $n$ 维的，通常不具有降维的能力。而非监督学习的目的之一就是对数据特征进行降维。

（4）分类同时定性 vs 先聚类后定性。

监督学习的输出结果会被直接打上标签，即分类和定性是同时进行的。这类似于中药铺的药匣，药剂师采购回来一批药材，需要做的只是把对应的药材放进贴着标签的药匣中。非监督学习的输出结果只是一群一群的聚类，就像被混在一起的多种药材，一个外行要处理这些药材，能做的只有把看上去一样的药材挑出来聚成多个小堆。如果要进一步识别这些小堆，就需要一个老中医（类比老师）的指导。因此，非监督学习属于先聚类后定性。

（5）独立 vs 非独立。

在训练监督学习算法时，通常希望训练样本是完全独立分布的数据，但实际上，并不是所有数据都是相互独立分布的。或者说，数据和数据的分布之间存在联系。训练样本较大的偏移很可能会给分类器带来很大的噪声，而对于非监督学习，情况就会好很多。可见，独立分布数据更适合监督学习，非独立分布数据更适合非监督学习。

（6）不透明 vs 可解释性。

监督学习的分类不具有可解释性，或者说，是不透明的，因为这些规则都是通过人为建模得出的，并不能自行产生。而非监督学习的聚类通常具有可解释性。

## ⊙ 4.1.4 非监督学习的应用

非监督学习和监督学习在方法和本质上的巨大差异，导致其应用方式和应用场景与监督学习也有较大的差别。前面介绍了非监督学习的特点，下面结合非监督学习的特点来看看非监督学习的典型应用场景。

（1）异常发现。

有很多违法行为都涉及"洗钱"，"洗钱"行为跟普通用户的行为是不一样的，那么到底哪里不一样呢？

人为分析是一件成本很高且很复杂的事情，可以利用行为的特征对用户进行分类，从而找到那些行为异常的用户，然后深入分析他们的行为到底哪里不一样，判断是否属于违法行为。

通过非监督学习，可以快速对行为进行分类，虽然不知道这些分类意味着什么，但是通过这种分类可以快速排除正常的用户行为，更有针对性地对异常行为进行深入分析。

（2）用户细分。

这对于广告平台很有意义，不仅可以按照性别、年龄、地理位置等维度进行用户细分，还可以通过用户行为对用户进行分类。通过多维度的用户细分，广告投放可以更有针对性，效果也会更好。

目前几乎所有的互联网厂商都在自己的网络平台上部署了相关的用户细分系统，从而可以有针对性地在不同的平台投放相应的广告。

（3）推荐系统。

大家在淘宝、天猫、京东等网站或 App 上购物时，系统总会根据你的浏览行为推荐一些相关的商品，有些商品就是通过非监督学习中的聚类算法推荐出来的。

## 4.2 主成分分析降维算法

非监督学习算法从目的上来说主要有聚类和降维两大类，本节主要给大家介绍一个经典的非监督学习降维算法——主成分分析（PCA）算法。

### ⊙ 4.2.1 数据降维介绍

在介绍数据降维的概念之前，先说明一下数据维度的概念。假设有 5 只猫，每只猫的毛色、体型、身高、体重、年龄、性别等特征各不相同。这里的猫就是对象，"猫"这个称呼是这个对象的标签，毛色、体型、体重等特征就是对象的属性。在实际的图像识别过程中，可能有大量的猫、狗的图片，所需的对象的属性也有多个，这些属性的个数就是维度。维度越高，数据量越大，占用的磁盘空间和内存就越多。但很多时候用不到这么多的信息，或者因为其他的一些原因，不能在太高的维度下进行操作，这时就需要进行数据降维。

具体来说，数据降维主要指的是按照一定的方法降低数据的特征维度，这样做的原因主要有三个。

（1）数据中往往存在很多字段，但是一些字段对于结果是没有意义的，或者意义极小，因此要根据实际情况对数据进行降维，使处理后的数据更加有益于得到精确的结果。

（2）在某些场景下，数据维度特别高，而硬件计算或者存储资源比较有限，没有办法直接处理高维度的数据，只能通过一定的方法，将高维度的数据转换到较低维度的特征空间，从而实现对相关数据的处理。

（3）在实际应用场景下所用到的特征数据维度大多在 3 维以上，进行数据分析时，有时需要对相关特征数据进行可视化分析，而高于 3 维的数据是没有办法实现可视化的，因此只能将高维数据降为 3 维或 2 维，再对降维之后的数据进行可视化分析。数据可视化效果图如图 4-4 所示。

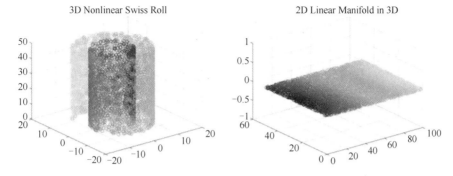

图 4-4　数据可视化效果图

综上所述，数据降维的意义如下：克服维度灾难，获取本质特征，节省存储空间，去除无用的噪声，实现数据可视化。

## ⊙ 4.2.2　PCA 算法介绍

主成分分析（PCA）是一种常用的数据分析方法。其思想是将 $n$ 维特征映射到 $k$ 维空间中，其中 $k<n$，这 $k$ 维特征是全新的正交特征，是重新构造出来的，而不是简单地从 $n$ 维特征中去除其余 $n-k$ 维特征。PCA 算法可以通过线性变换将原始数据变换为一组各维度线性无关的表示，可用于提取数据的主要特征分量，常用于高维数据的降维。这种算法和监督学习算法中的 Fisher 线性判别分析比较类似，都是将数据投影到一个可分性更好的投影空间，但 PCA 算法是一种非监督学习算法，不需要任何数据标签即可做到对数据进行变换投影。

PCA 算法通过找到一组线性变换的向量来对原始数据进行投影，那么如何衡量投影的优劣呢？在数学上通常有两种方法衡量投影的优劣。第一种是最大化投影数据的方差，即最大方差理论。第二种是最小化平均投影代价，即最小平方误差理论。平均投影代价是指数据点和它们的投影之间的平均平方距离。值得注意的是，这两种方法在数学上是完全等价的，下面就基于这两种方法来进行 PCA 算法的推导。

### 1. 最大方差理论

在信号处理中认为信号有较大的方差，噪声有较小的方差，信噪比就是信号与噪声的方差比，它越大越好。因此认为，最好的 $k$ 维特征是将 $n$ 维样本点变换为 $k$ 维后，每一维上的样本方差都尽可能大。

　　首先，考虑在一维空间（$k=1$）中的投影。可以使用 **n** 维向量 **u** 定义这个空间的方向。假定选择一个单位向量 **u**，使得 $u^Tu=1$。注意，这里只对 **u** 的方向感兴趣，而对 **u** 本身的大小不感兴趣。

　　图 4-5 中的点表示原样本点 $x^i$，$u$ 是直线的斜率，也是直线的方向向量，而且是单位向量，直线上的点表示原样本点 $x^i$ 在 $u$ 上的投影。由数据投影的基本原理知道，投影点与原点的距离是 $x^{iT}u$，由于这些原始样本点的每一维特征均值都为 0，因此投影到 $u$ 上的样本点的均值仍然是 0。

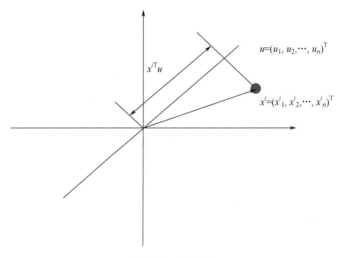

图 4-5　投影图

　　假设原始数据集为 $X$，目标是找到最佳的投影空间 $w=(w_1,w_2,\cdots,w_k)$，其中 $w_i$ 是单位向量且 $w_i$ 与 $w_j$（$i \neq j$）正交。何为最佳的 $w$？就是原始样本点投影到 $w$ 上之后，使得投影后的样本点方差最大。由于投影后均值为 0，因此投影后的总方差为

$$\frac{1}{m}\sum_{i=1}^{m}\left(x^{(i)T}w\right)^2 = \frac{1}{m}\sum_{i=1}^{m}w^T x^{(i)}x^{(i)T}w = \sum_{i=1}^{m}w^T\left(\frac{1}{m}x^{(i)}x^{(i)T}\right)w \tag{4-1}$$

　　因为 $x^{(i)}$ 的均值为 0，所以等式右边小括号里的那部分其实就是原始数据集 $X$ 的协方差矩阵（因为无偏估计的原因，一般协方差矩阵除以 $m-1$，这里用 $m$）。

记 $\lambda = \dfrac{1}{m}\sum_{i=1}^{m}\left(x^{(i)\mathrm{T}}w\right)^2$，$\Sigma = \dfrac{1}{m}x^{(i)}x^{(i)\mathrm{T}}$，则有：

$$\lambda = w^{\mathrm{T}}\Sigma w \tag{4-2}$$

上式两边同时左乘 $w$，注意到 $ww^{\mathrm{T}}=1$（单位向量），则有：

$$\lambda w = \Sigma w \tag{4-3}$$

所以 $w$ 其实是矩阵 $\Sigma$ 的特征值所对应的特征向量。欲使投影后的总方差最大，即 $\lambda$ 最大，则最佳的投影向量 $w$ 是特征值 $\lambda$ 最大时对应的特征向量。因此，当将 $w$ 设置为与具有最大的特征值 $\lambda$ 的特征向量相等时，方差会达到最大值。这个特征向量被称为第一主成分。

可以用一种增量的方式定义额外的主成分，具体如下：在所有与那些已经考虑过的方向正交的所有可能的方向中，将新的方向选择为最大化投影方差的方向。如果考虑 $k$ 维投影空间的一般情形，那么最大化投影数据方差的最优线性投影由数据协方差矩阵 $\Sigma$ 的 $k$ 个特征向量 $w_1,\cdots,w_k$ 定义，对应 $k$ 个最大的特征值 $\lambda_1,\cdots,\lambda_k$。因此，只需要对协方差矩阵进行特征值分解，得到的前 $k$ 大特征值对应的特征向量就是最佳的 $k$ 维新特征，而且这 $k$ 维新特征是正交的。得到前 $k$ 个 $u$ 以后，原始数据集 $X$ 通过变换可以得到新的样本。

### 2. 最小平方误差理论

假设二维样本点如图 4-6 所示，按照前面讲解的最大方差理论，目标是求一条直线，使得样本点投影到直线上的点的方差最大。从求解直线的思路出发，容易想到数学中的线性回归问题，其目标也是求解一个线性函数，使得对应直线能够更好地拟合样本点集合。如果从这个角度出发推导 PCA 算法，那么问题会转化为一个回归问题。回归时的最小二乘法度量的是样本点到直线的坐标轴距离。比如这个问题中，特征是 $x$，类标签是 $y$。回归时最小二乘法度量的是距离 $d$。如果使用回归法来度量最佳直线，那么就是直接在原始样本上做回归。因此，可以选用另一种评价直线好坏的方法，即使用点到直线的距离 $d'$ 来度量。

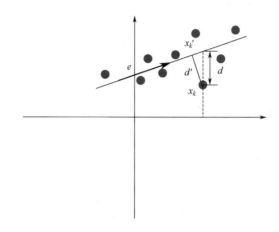

图 4-6　最小平方误差图

现有 $m$ 个样本点，每个样本点为 $n$ 维。目标是最小化样本点与投影点之间的距离，称之为最小平方误差。

假设 $x_k$ 表示 $p$ 维空间的 $k$ 个点，$z_k$ 表示 $x_k$ 在超平面 $D$ 上的投影向量，$w=(w_1,w_2,\cdots,w_d)$ 为 $d$ 维空间的标准正交基，则最小平方误差理论可以转换为如下优化问题：

$$z_k = \sum_{i=1}^{d} \left(w_i^{\mathrm{T}} x_k\right) w_i \tag{4-4}$$

$$\mathrm{argmin} \sum_{i=1}^{k} \| x_i - z_i \|_2^2 \tag{4-5}$$

$\mathrm{s.t.} w_i^{\mathrm{T}} w_j = p$ （当 $i = j$ 时 $p=1$，否则 $p=0$）

其中，$w_i^{\mathrm{T}} x_k$ 为 $x_k$ 在 $w_i$ 基向量上的投影长度，$w_i^{\mathrm{T}} x_k w_i$ 为 $w_i$ 基向量的坐标值。

求解过程如下：

$$L = \left(x_k - z_k\right)^{\mathrm{T}} \left(x_k - z_k\right) \tag{4-6}$$

$$L = x_k^{\mathrm{T}} x_k - x_k^{\mathrm{T}} z_k - z_k^{\mathrm{T}} x_k + z_k^{\mathrm{T}} z_k \tag{4-7}$$

由于向量有内积性质 $x_k^{\mathrm{T}} z_k = z_k^{\mathrm{T}} x_k$，可得：

$$L = x_k^{\mathrm{T}} x_k - 2x_k^{\mathrm{T}} z_k + z_k^{\mathrm{T}} z_k \tag{4-8}$$

将 $z_k$ 的表达式代入得：

$$x_k^{\mathrm{T}} z_k = \sum_{i=1}^{d} w_i^{\mathrm{T}} x_k x_k^{\mathrm{T}} w_i \tag{4-9}$$

$$z_k^{\mathrm{T}} z_k = \sum_{i=1}^{d} \sum_{j=1}^{d} \left(w_i^{\mathrm{T}} x_k w_i\right)^{\mathrm{T}} \left(w_j^{\mathrm{T}} x_k w_j\right) \tag{4-10}$$

根据约束条件得：

$$z_k^{\mathrm{T}} z_k = \sum_{i=1}^{d} w_i^{\mathrm{T}} x_k^{\mathrm{T}} x_k w_i \qquad (4\text{-}11)$$

$$L = x_k^{\mathrm{T}} x_k - \sum_{i=1}^{d} w_i^{\mathrm{T}} x_k x_k^{\mathrm{T}} w_i \qquad (4\text{-}12)$$

根据奇异值分解：

$$\sum_{i=1}^{d} w_i^{\mathrm{T}} x_k x_k^{\mathrm{T}} w_i = \mathrm{tr}\left(W^{\mathrm{T}} x_k^{\mathrm{T}} x_k W\right) \qquad (4\text{-}13)$$

$$L = \mathrm{argmin} \sum_{i=1}^{k} x_k^{\mathrm{T}} x_k - \mathrm{tr}\left(W^{\mathrm{T}} x_k^{\mathrm{T}} x_k W\right) = \mathrm{argmin} \sum_{i=1}^{k} -\mathrm{tr}\left(W^{\mathrm{T}} x_k^{\mathrm{T}} x_k W\right) + C \qquad (4\text{-}14)$$

等价于带约束的优化问题：

$$\mathrm{argmaxtr}\left(W^{\mathrm{T}} X X^{\mathrm{T}} W\right)$$

$$\mathrm{s.t.} W^{\mathrm{T}} W = I \qquad (4\text{-}15)$$

该问题的求解结果最佳超平面 $W$ 与最大方差理论求解的最佳投影方向一致，即协方差矩阵的最大特征值所对应的特征向量，差别仅是协方差矩阵的一个倍数。

## ⊙ 4.2.3 PCA 算法求解步骤

经过前面对 PCA 算法的原理分析，假设有 $n$ 个 $m$ 维特征数据，可以得出 PCA 算法的处理流程如下。

（1）将原始数据按列组成 $n$ 行 $m$ 列矩阵 $X$。

（2）计算 $X$ 每一列的均值，将每一列数据减去均值，得到去中心化的结果。

（3）求出矩阵 $X$ 的协方差矩阵 $Y$。

（4）求出协方差矩阵 $Y$ 的特征值及对应的特征向量。

（5）将得到的特征向量依据对应的特征值的大小按行排列成一个矩阵，取前 $k$ 行组成矩阵 $P$。

（6）令 $Z=XP$，矩阵 $Z$ 即降到 $k$ 维后的数据。

假设现在有 5 个 2 维数据[-1,1]、[-2,-1]、[-3,-2]、[1,1]、[2,1]组成的矩阵 $X$：

$$X = \begin{bmatrix} -1 & -2 & -3 & 1 & 2 \\ 1 & -1 & -2 & 1 & 1 \end{bmatrix}^{\mathrm{T}}$$

使用上述算法流程将这 5 个 2 维数据降维处理成 5 个 1 维数据，过程如下。

（1）计算原始数据中每一列的均值为[-0.6,0]，将每一列数据减去均值，得到去中心化的结果 $X_2$ 如下：

$$X_2 = \begin{bmatrix} -0.4 & -1.4 & -2.4 & 1.6 & -2.6 \\ 1 & -1 & -2 & 1 & 1 \end{bmatrix}^{\mathrm{T}}$$

（2）求出矩阵 $X_2$ 的协方差矩阵为 $Y = \begin{bmatrix} 4.3 & 2.5 \\ 2.5 & 2.0 \end{bmatrix}$。

（3）求出协方差矩阵 $Y$ 的特征值为 5.902 和 0.398，对应的特征向量组成的矩阵为 $\begin{bmatrix} 0.842 & -0.539 \\ 0.539 & 0.842 \end{bmatrix}$。

（4）将得到的特征向量依据特征值的大小按行排列成一个矩阵，组成矩阵 $P = \begin{bmatrix} 0.842 & -0.539 \\ 0.539 & 0.842 \end{bmatrix}$，这里由于第一个特征值本来就大于第二个特征值，所以排序后得到的矩阵和步骤（3）中特征向量组成的初始矩阵一致。

（5）用矩阵 $P$ 的第一列 $P_1$ 表示转换矩阵，令 $Z=XP_1$，得到的 1 维向量即降到 1 维的特征数据 $Z = \begin{bmatrix} 0.2 & -1.7 & -3.0 & 1.9 & 2.7 \end{bmatrix}^{\mathrm{T}}$。

对该组数据进行降维处理的结果如图 4-7 所示。

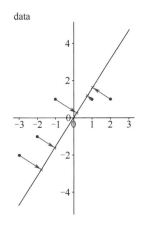

图 4-7　PCA 算法结果示意图

这里需要注意一下特征数据的去中心化的问题。

所谓去中心化，就是将样本 $X$ 中的每个观测值都减去样本均值，这样做的好处主要是能够使求解协方差矩阵变得更容易。

另外，为了简单起见，上述示例的特征数据维度并不高，可以直接进行矩阵分解计算。但是在真实的应用案例当中，特征数据的维度通常都很高，PCA 通常是数值近似分解，而非求特征值、奇异值得到解析解，所以当使用梯度下降法等算法进行 PCA 的时候，最好先对数据进行标准化，这有利于梯度下降法的收敛。

## ⊙ 4.2.4  PCA 算法实例

在较早的时候，人脸识别领域还没有使用深度学习来提取特征，当时有研究人员使用 PCA 算法来提取人脸特征。这里以人脸识别经典数据库 ORL 为例，如图 4-8 所示，看一下如何使用 PCA 算法来做人脸识别。

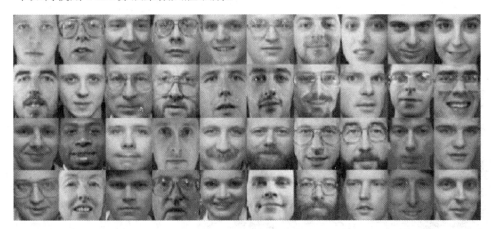

图 4-8　ORL 数据库示例图像

ORL 数据库中的每张图片大小是 92×112 像素，转换成特征向量共有 10304 维。如果直接使用这个维度来进行识别，计算量会非常大，通常也没有必要直接使用像素级别的图像特征，因为图像的像素值在空间上的冗余性是比较大的，所以可以考虑先用 PCA 算法对高维的特征向量进行降维，再用降维之后的特征向量来做人脸识别的工作。接下来就来看一下如何对这些数据进行降维。

首先进行数据的预处理，读取样本的每一图片矩阵，将每一图片矩阵转化为一个列向量，将所有图片对应的列向量组成一个装有所有样本图片的矩阵。得到矩阵 $A$ 后，求取矩阵 $A$ 中每一行的平均值，并将矩阵 $A$ 每一行都减去对应行的平均值。这个平均值其实也对应一幅和人脸图像同样大小的图像，如图 4-9 所示。

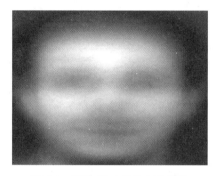

图 4-9　平均值对应的人脸图像

得到数据预处理后的矩阵，就可以求取其协方差矩阵，再求其特征值和特征向量，即可根据特征值的大小取相应的特征向量组建投影子空间。图 4-10 是 ORL 数据库中最大的 16 个特征值的特征向量对应的主成分人脸图像。

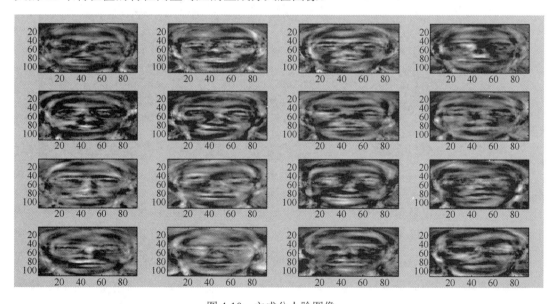

图 4-10　主成分人脸图像

可以看出，这些主成分人脸图像基本上保留了人脸最主要的轮廓和纹理特征。在样本空间足够大的情况下，绝大部分人脸可以由这些特征脸加权之后拼合而成。

建立完特征脸之后，人脸识别就变得简单很多，把装有样本空间中所有图片的矩阵 $A$ 投射到特征脸空间中，每一张人脸图片都会得到对应特征脸加权数，可以将其理解为特征脸空间中的坐标值。以降到 68 维为例，降维之前的特征矩阵为 10304×400，降维之后的特征矩阵为 68×400，特征存储量少了整整 150 倍。这不仅极大地节省了资源，而且保留了人脸的主要信息。

## 4.3  K-means 聚类算法

在非监督聚类算法中，最具代表性的是 K-means 算法，该算法的主要作用是将相似的样本自动归到一个类别中。聚类的目的是将数据集中的样本划分为若干个不相交的子集，每个子集称为一个簇。聚类既能作为一个单独的过程，用于寻找数据内在的分布结构，也能作为分类等其他学习任务的预处理过程。

聚类是机器学习中新算法出现最多、最快的领域，一个重要的原因是聚类不存在客观标准，给定数据集总能从某个角度找到以往算法未覆盖的某种标准，从而设计出新算法。K-means 算法十分简单易懂，而且非常有效，但是 $K$ 值和 $K$ 个初始聚类中心的确定对于聚类效果的好坏有很大的影响。众多研究者基于此提出了各自行之有效的解决方案，新的改进算法仍然不断被提出。

### ⊳ 4.3.1  聚类算法简介

分类问题是机器学习中最常见的一类问题，它的目标是确定一个物体所属的类别。例如，要判定一个球是篮球、足球还是排球。解决这类问题的方法是先给出各种类型的球让算法学习，然后根据学习得到的经验对一个球的类型做出判定。这就像还没长大的小朋友，爸爸妈妈先拿各种道具球教他们，告诉他们每种球是什么样子的，接下来这些孩子就会认不同类型的球了。这种方法称为监督学习，它有训练和预测两个阶段，在训练阶段，用大量的样本进行学习，得到一个判定球类型的模型。

聚类的目标也是确定一个物体的类别，但和分类不同的是，这里没有事先定义好的类别，聚类算法要自己想办法把一批样本分成多个类，保证每一类中的样本是相似的，而不同类的样本是不同的。以球的聚类为例，假设有一堆球，但事先没有说明有哪些类别，也没有一个训练好的判定类别的模型，聚类算法要自动将这堆球进行归类。这就相当于家长并没有事先告诉孩子们各种球是什么样子的，孩子们需要自己将球进行归类，而且这些球可能是他们不认识的。这里没有统一的、确定的划分标准，有些孩子将颜色相似的球归在了一起，而另一些孩子将大小相似的球归在了一起，还有一些孩子将纹理相似的球归在了一起。

聚类算法将一堆没有标签的数据自动划分成几类，并且保证同一类数据有相似的特征。

## ⊙ 4.3.2 K-means 算法介绍

这里可以用一个例子来说明 K-means 算法的大致过程，即著名的牧师—村民模型。假设有四个牧师去郊区布道，一开始牧师们随意选了几个布道点，并且把这几个布道点的情况公告给了郊区所有的村民，于是每个村民到离自己家最近的布道点去听课。听课之后，大家觉得距离太远了，于是每个牧师统计了一下自己的课上所有村民的地址，搬到了所有地址的中心地带，并且在海报上更新了自己的布道点的位置。牧师每一次移动不可能离所有人都更近，有的人发现 A 牧师移动以后自己去 B 牧师处听课更近，于是每个村民又去了离自己最近的布道点。就这样，牧师每个礼拜更新自己的位置，村民根据自己的情况选择布道点，最终稳定了下来。可以看到，牧师的目的是使每个村民到其最近中心点的距离和最小。

与上述例子相似，K-means 算法的基本思想是，通过迭代寻找 $K$ 个聚类的一种划分方案。其步骤是，先将数据分为 $K$ 组，随机选择 $K$ 个初始聚类中心（也可以随机选取 $K$ 个对象作为初始聚类中心），然后计算每个对象与各个聚类中心之间的距离，把每个对象分配给距离它最近的聚类中心。聚类中心以及分配给它的对象就代表一个聚类。每分配一个样本，聚类中心就会根据聚类中现有的对象被重新计算。这个过程将不断重复，直到满足某个终止条件。终止条件可以是没有（或最小数目）对象被重新分配给不同的聚类，或者没有（或最小数目）聚类中心再发生变化（或者发生的变化小于一定的阈值）。

经过上述分析，可以得到 K-means 算法进行聚类的步骤。

（1）从数据中确定 $K$ 个初始聚类中心。

（2）计算每个聚类对象到聚类中心的距离，按照就近划分的原则将每个聚类对象划分到对应的类别。

（3）根据重新聚类之后的结果，再次计算每个聚类中心。

（4）判断是否满足停止迭代的条件，如果已经满足，则停止迭代；否则继续操作，直到达到最大迭代次数。

### ⊘ 4.3.3　K-means 算法求解步骤

现在假设有如下所示的一批二维坐标数据：

'x': [12, 20, 28, 18, 29, 33, 24, 45, 45, 52, 51, 52, 55, 53, 55, 61, 64, 69, 72]
'y': [39, 36, 30, 52, 54, 46, 55, 59, 63, 70, 66, 63, 58, 23, 14, 8, 19, 7, 24]

需要做的是将这些数据自动分为三个类别。待分类数据初始状态如图 4-11 所示。

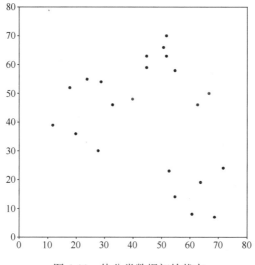

图 4-11　待分类数据初始状态

图 4-11 中每一个黑色的点代表一个待分类的数据。除此之外，还有一个红色的点、一个绿色的点和一个蓝色的点，这三个点是根据 K-means 算法随机生成的三个类的初始中心点，假设这三个类分别为 R 类、G 类和 B 类。

有了初始中心点之后，下一步就是计算黑色的数据点与每个类别的中心点之间的距离，按照就近划分的原则，对所有数据点进行自动分类，第一次自动分类结果如图 4-12 所示，有 2 个数据点离 R 类的中心点最近，所以划分为 R 类；有 11 个数据点离 G 类的中心点最近，所以划分为 G 类；有 6 个数据点离 B 类的中心点最近，所以划分为 B 类。

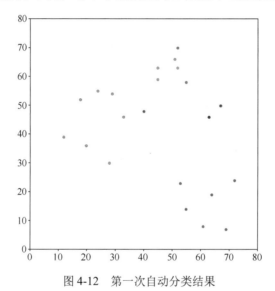

图 4-12　第一次自动分类结果

以第一次自动分类结果为依据，计算出每一个类别的新中心点，根据新的类别中心点，重新对每个数据点进行自动分类。如图 4-13 中相应箭头所指向的数据点所示，箭头的长度表示类别中心点调整的幅度。在这一轮的调整中，由于之前属于 R 类的两个数据点离新的 G 类中心点比离新的 R 类中心点更近，所以由原来的 R 类重新划分到了 G 类。B 类的数据点没有发生任何变化，但是其类别中心点离所有的 B 类数据点更近了。

以第二次自动分类结果为依据，再一次计算出每一个类别的新中心点，根据新的类别中心点，重新对每个数据点进行自动分类。这一次分类之后，每个类别的数据点和第二次自动分类后的数据点完全一致，所以 K-means 算法执行结束，得到最终的分类结果，如图 4-14 所示。

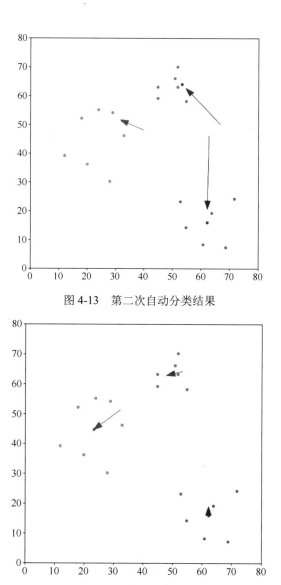

图 4-13　第二次自动分类结果

图 4-14　第三次自动分类结果

K-means 算法在具体应用的时候，每次执行会由于一些条件的设置不同而得到不一样的结果，其中比较重要的几个设置如下。

## 1. $K$值的确定

对于$K$值的确定，通常有以下几种方法。

1）按需选择

简单地说就是按照建模的需求和目的来选择$K$值。比如，一个游戏公司想把所有玩家分成顶级、高级、中级、初级四类，那么$K=4$；一个房地产公司想把当地的商品房分成高、中、低三档，那么$K=3$。按需选择虽然合理，但未必能保证在执行 K-means 算法时能够得到清晰的分界线。

2）观察法

观察法就是用肉眼观察，看所有数据点大概聚成几堆。对于如图 4-15 所示的这种初始分布比较好的二维样本，可以比较清楚地看出初始$K$值应该为 3。

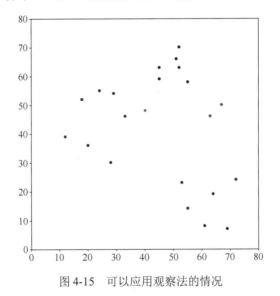

图 4-15　可以应用观察法的情况

这种方法虽然简单，但是要求原始数据维度低，一般是 2 维（平面散点）或者 3 维（立体散点），否则人类肉眼无法观察。对于高维数据，通常先利用 PCA 算法降维，再进行肉眼观察。

3）手肘法

手肘法本质上是一种间接的观察法。这里需要介绍一些背景知识。当 K-means 算法完成后，将得到 $K$ 个类别的中心点 $M_i$, $i=1,2,\cdots,K$，以及每个原始点所对应的类别 $C_i$, $i=1,2,\cdots,K$。通常采用所有样本点到它所在的类别的中心点的距离和作为模型的度量，记为 $D_K$。

$$D_K = \sum_{i=1}^{K} \sum_{X \in C_i} \| X - M_i \| \qquad (4\text{-}16)$$

这里的距离可以采用欧氏距离。对于不同的 $K$，最后会得到不同的中心点和类别，所以会有不同的度量。

对上面的例子用不同的 $K$ 去计算，会得到不同的结果。把 $K$ 作为横坐标，$D_K$ 作为纵坐标，可以得到如图 4-16 所示的折线图。

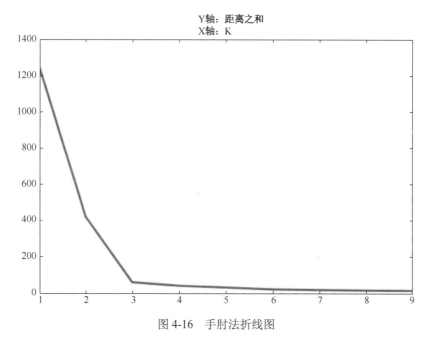

图 4-16　手肘法折线图

很显然，$K$ 越大，距离和越小。但是注意到 $K=3$ 是一个拐点，就像人的肘部一样，$K=3$ 之前下降很快，$K=3$ 之后趋于平稳。手肘法认为这个拐点就是最佳的 $K$。

手肘法是一种经验方法，其效果因人而异，特别是遇到模棱两可的情况时。相比于直接观察法，手肘法的一个优点是适用于高维的样本数据。

### 2. 初始的 $K$ 个类别中心的确定

对于初始的 $K$ 个类别中心的确定，通常有以下几种方法。

（1）凭经验选择。这种方法是根据问题的性质，依据经验从数据点中找出从直观上看来比较合适的代表点。这种方法对经验的依赖度很高，如果经验丰富，那么得到的结果可能比较好；如果经验不够，那么得到的结果可能会很糟。

（2）随机选择 $K$ 个样本点作为 $K$ 个类别的中心。这种方法对随机选择的 $K$ 个样本点是否符合真实数据类别中心的分布要求比较高，所以是一种结果不太可控的方法。

（3）将全部数据随机分成 $K$ 类，计算每类的重心，将这些重心作为每类的代表点。这种方法和第 2 种方法类似，只是其计算得到的 $K$ 个类别中心，相对来说出现较大偏差的可能性稍小一点。

（4）用密度法选择初始分类中心。这里的密度是指具有统计性质的样本密度。一种求法是，以每个样本点为球心，用某个正数 $r$ 为半径确定一个球形区域，落在该球内的样本点数就是该点的密度。在计算了全部样本点的密度后，选择密度最大的样本点作为第 1 个分类中心。它对应样本分布的一个最高的峰值点。在选择第 2 个分类中心时，可以人为规定一个数 $r>0$，在离开第 1 个代表点距离 $r$ 以外选择次大的密度点作为第 2 个分类中心，其余代表点的选择与此类似。这样就可以避免分类中心集中在一起的问题。其劣势是初始计算量比较大。

## ⊙ 4.3.4 K-means 算法实例

图像的每一个点的像素值都可以视作一个三维向量（RGB 三通道图像），那么，使用 K-means 算法对这些点进行聚类，就很容易得到几个中心点和几类，把同一类的数据点（像素点）用中心点表示就可以得到压缩后的图像。这种压缩方法的本质是量化矢量（Vector Quaintization），通过 K-means 聚类得到量化表，将每个像素用量化表中的矢量来表示，然后记录每个像素对应的索引值，这样原来使用 24bit 来表示一个像素，现在只需要存储记录索引值所需要的 bit 数就可以了，因此实现了图像压缩。

如图 4-17 所示的分辨率分别是 128×128 像素的三通道原图，以及颜色数目压缩为 2 个、4 个、8 个、16 个、32 个、64 个和 128 个的效果。可以看到，当保存的颜色数目太少时，画质会有明显的降低，甚至无法识别出其中的物体（比如颜色数目为 2 个的时候），但是当保留的颜色数目逐渐增加到 128 个的时候，虽然信息损失了 50%（原始的颜色数目为 256 个），但是对画质的影响没有想象的大。

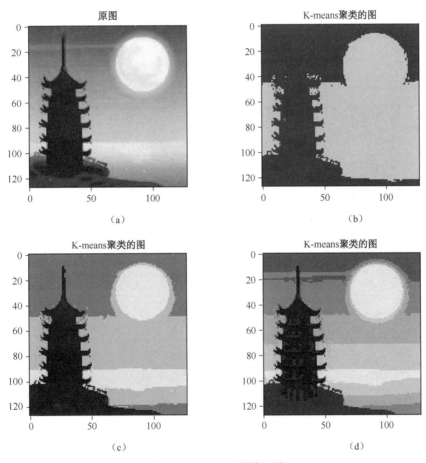

图 4-17　K-means 图像压缩

图 4-17　K-means 图像压缩（续）

# 本章小结

　　本章的主要内容包括非监督学习的定义、非监督学习的分类，以及非监督学习的相关算法。其中的重点是非监督学习的典型算法——PCA 算法和 K-means 算法。通过本章的学习，读者可以了解非监督学习的概念和典型算法的原理，以及非监督学习的应用场景和方向。

# 习　题

## 一、填空题

1. 非监督学习的主要特点是_____。

2. 非监督学习是_____的一个分支。

3. 非监督学习从目的来看主要分为_____和_____。

4. 非监督学习从实现方式来看主要分为_____

和_____。

5. PCA 算法是一种将维度进行_____的算法。

6. 只有小于或等于_____维的数据，才能对其进行可视化。

7. PCA 算法的第一个步骤是_____。

8. K-means 算法的第一个步骤是_____。

9. K-means 算法的终止条件之一是_____不再发生变化。

10. K-means 算法在图像领域的一个典型的应用场景是_____。

## 二、多项选择题

1. 下列属于机器学习中的非监督学习算法的有（　　　）。

    A．K-means      B．PCA        C．SVM          D．Fisher 判别

2. 从目的的角度来看，非监督学习的类别有（　　　）。

    A．降维               B．基于概率密度估计的方法

    C．聚类               D．基于样本间相似性度量的方法

3. 从实现方式的角度来看，非监督学习的类别有（　　　）。

    A．降维                B．基于概率密度估计的方法

    C．聚类               D．基于样本间相似性度量的方法

4. 非监督学习的应用场景有（　　　）。

    A．异常发现    B．用户细分      C．推荐系统        D．图像生成

5．PCA 算法可以实现的目的有（　　）。

  A．数据降维       B．数据升维

  C．提取特征主要成分    D．对数据进行分类

6．对数据进行降维的原因有（　　）。

  A．数据有冗余       B．资源受限，不能处理高维数据

  C．方便可视化处理     D．能有效提升模型精度

7．PCA 算法的推导可以从（　　）入手。

  A．最大方差理论      B．最小方差理论

  C．最大平方误差理论    D．最小平方误差理论

8．下列（　　）可以作为 K-means 算法的终止条件。

  A．达到了最大迭代次数

  B．$K$ 个类别的中心点坐标不再变化

  C．$K$ 个类别的样本分配情况不再变化

  D．每个类别的样本数目一致

9．K-means 算法中，$K$ 个初始中心点的选择方法有（　　）。

  A．靠经验选择

  B．随机选择 $K$ 个样本点作为 $K$ 个类别的中心

  C．将全部数据随机分成 $K$ 类，计算每类的重心

  D．用密度法选择初始分类中心

10．K-means 算法的应用场景有（　　）。

  A．图像压缩       B．无标签的数据聚类

  C．人脸识别       D．语音识别

## 三、问答题

1．简述非监督学习的基本概念及其与监督学习的区别。

2．列举非监督学习的分类及其典型算法。

3．简述 K-means 算法的执行步骤。

# 第 5 章

# 人工神经网络

### 内容梗概

人工神经网络是一门重要的机器学习技术，力图通过模拟人脑中的神经网络来实现类人工智能。人脑中的神经网络是一个非常复杂的组织，成人的大脑中估计有 1000 亿个神经元。那么，机器学习中的人工神经网络是如何实现这种模拟并达到良好效果的呢？本章主要介绍人工神经网络的基本概念、发展历程、模型及应用。

### 学习重点

1. 了解人工神经网络的基本概念。
2. 掌握人工神经网络的发展历程、模型及应用。
3. 掌握房价预测模型和手写数字识别模型的构建原理。

# 5.1 人工神经网络概述

人工神经网络（Artificial Neural Network，ANN）简称神经网络（NN），是基于生物学中神经网络的基本原理，在理解和抽象了人脑结构和外界刺激响应机制后，以网络拓扑知识为理论基础，模拟人脑的神经系统对复杂信息处理机制的一种数学模型。该模型以并行分布的处理能力、高容错性、智能化和自学习等为特征，将信息的加工和存储结合在一起，以其独特的知识表示方式和智能化的自适应学习能力，引起各学科领域的关注。它实际上是一个由大量简单元件相互连接而成的复杂网络，具有高度的非线性，能够实现复杂的逻辑操作和非线性关系。

## ⊙ 5.1.1 人工神经网络的发展历程

人工神经网络的发展历程大致分为如下 4 个阶段。

### 1. 第一阶段：启蒙时期

20 世纪 40 年代，人们就开始了对神经网络的研究。1943 年，美国心理学家麦克洛奇（Warren Mcculloch）和数学家皮兹（Walter Pitts）发表了题为 *A Logical Calculus of the Ideas Immanent in Nervous Activity* 的论文。他们首次提出了神经元的 M-P 模型。该模型借鉴了已知的神经细胞生物过程原理，是第一个神经元数学模型，也是人类历史上第一次对大脑工作原理描述的尝试。该模型通过把神经元看作功能逻辑器件来实现算法，由此开创了神经网络模型的理论研究。图 5-1 为麦克洛奇和皮兹。

1949 年，心理学家赫布（Donald Olding Hebb）出版了 *The Organization of Behavior* 一书，他在书中对神经元之间连接强度的变化进行了分析。他首次提出了一种调整权值的方法，称为 Hebb 学习规则。这一规则告诉人们，神经元之间突触的联系强度是可变的，这种可变性是学习和记忆的基础。Hebb 学习规则为构造有学习功能的神经网络模型奠定了基础。Hebb 学习规则隶属于非监督学习算法的范畴，其主要思想是根据两个神经元的激发状态来调整它们的连接关系，以实现对简单神经活动的模拟。继 Hebb 学习规则之后，神经元的有监督 Delta 学习规则被提出，用于解决在输入和输出已知的情况下神经元权值的学习问题。图 5-2 是赫布。

图 5-1    麦克洛奇和皮兹

图 5-2    赫布

1957 年，罗森布拉特（Frank Rosenblatt）以 M-P 模型为基础，提出了感知器（Perceptron）模型。感知器模型具有现代神经网络的基本原则，并且它的结构非常符合神经生理学。它可以被视为一种形式最简单的前馈神经网络，是一种二元线性分类器。感知器是神经网络的第一个实际应用，标志着神经网络进入了新的发展阶段。罗森布拉特证明了两层感知器能够对输入进行分类，他还提出了隐层处理元件的三层感知器这一重要的研究方向。罗森布拉特的神经网络模型包含了一些现代神经计算机的基本原理，从而形成了神经网络方法和技术的重大突破。图 5-3 是罗森布拉特。

图 5-3　罗森布拉特

1959 年，美国著名工程师威德罗（B.Widrow）和霍夫（M.Hoff）等人提出了自适应线性元件（Adaptive Linear Element，ADALINE）和 Widrow-Hoff 学习规则（又称最小均方差算法或 δ 规则）的神经网络训练方法，并将其应用于实际工程，成为第一个用于解决实际问题的神经网络，促进了神经网络的研究、应用和发展。ADALINE 网络模型是一种连续取值的自适应线性神经元网络模型，可以用于自适应系统。

### 2. 第二阶段：低潮时期

人工智能的创始人之一 Minsky 和 Papert 对以感知器为代表的网络系统的功能及局限性从数学上做了深入研究，于 1969 年出版了轰动一时的 *Perceptrons* 一书，其中指出简单的线性感知器的功能是有限的，它无法解决线性不可分的两类样本的分类问题，如简单的线性感知器不可能实现"异或"的逻辑关系等。这一论断给当时神经网络的研究带来了沉重的打击，由此开始了神经网络发展史上长达 10 年的低潮期。

1972 年，芬兰的 T.Kohonen 教授提出了自组织神经网络。后来的神经网络主要是根据 Kohonen 的工作来实现的。自组织神经网络是一类无导师学习网络，主要用于模式识别、语音识别及分类问题。

1974 年，Paul Werbos 在哈佛大学攻读博士学位期间，在其博士论文中提出了影响深远的著名的 BP 神经网络学习算法，但当时并没有引起重视。

1976 年，美国的 Grossberg 教授提出了著名的自适应共振理论（Adaptive Resonance Theory，ART），其学习过程具有自组织和自稳定的特征。

### 3. 第三阶段：复兴时期

1982 年，John Hopfield 提出了连续和离散的 Hopfield 神经网络模型，并采用全互联型神经网络对非多项式复杂度的旅行商问题进行了求解，这促使神经网络的研究再次进入了蓬勃发展的时期。

1983 年，Kirkpatrick 等人认识到模拟退火算法可用于 NP 完全组合优化问题的求解，这种模拟高温物体退火过程来寻找全局最优解的方法最早是由 Metropli 等人于 1953 年提出的。

1984 年，Hinton 与年轻学者 Sejnowski 等合作提出了大规模并行网络学习机，并明确提出隐单元的概念，这种学习机后来被称为玻尔兹曼机（Boltzmann Machine）。Hinton 和 Sejnowsky 利用统计物理学的概念和方法，首次提出了多层网络的学习算法，称为玻尔兹曼机模型。

1986 年，D.E.Rumelhart 等人在多层神经网络模型的基础上，提出了多层神经网络权值修正的反向传播学习算法即 BP 算法，解决了多层前馈神经网络的学习问题，证明了多层神经网络具有很强的学习能力，它可以完成许多学习任务，解决许多实际问题。

1986 年，Rumelhart 和 McCkekkand 在 *Parallel Distributed Processing: Exploration in the Microstructures of Cognition* 一书中建立了并行分布处理理论，主要致力于认知的微观研究，同时对具有非线性连续转移函数的多层前馈网络的误差反向传播算法即 BP 算法进行了详尽的分析，解决了长期以来没有权值调整有效算法的难题，回答了 *Perceptrons* 一书中关于神经网络局限性的问题，从实践上证实了神经网络有很强的运算能力。

1988 年，Broomhead 和 Lowe 利用径向基函数（Radial Basis Function，RBF）提出了分层网络的设计方法，从而将神经网络的设计与数值分析和线性适应滤波相挂钩。1991 年，Haken 把协同引入神经网络，他认为，认知过程是自发的，并断言模式识别过程就是模式形成过程。1994 年，廖晓昕关于细胞神经网络的数学理论与基础的提出，带来了这个领域新的进展。通过拓展神经网络的激活函数类，给出了更一般的时滞细胞神经网络（DCNN）、Hopfield 神经网络（HNN）、双向联想记忆（BAM）网络模型。20 世纪 90 年代初，Vapnik 等提出了支持向量机和 VC（Vapnik-Chervonenkis）维的概念。经过多年的发展，已有上百种神经网络模型被提出。

### 4. 第四阶段：高潮时期

Hinton 等人于 2006 年提出了深度学习，它是机器学习的一个新领域。深度学习本质上是构建含有多隐层的机器学习架构模型，通过大规模数据进行训练，得到大量更具代表性的特征信息。深度学习算法打破了传统神经网络对层数的限制，可根据设计者需要选择网络层数。

## ⊙ 5.1.2  人工神经网络基础

### 1. 生物神经元的结构

人是自然界所造就的高级动物，人的思维是由人脑来完成的，而思维则是人类智能的集中体现。神经细胞是构成神经系统的基本单元，称之为生物神经元，简称神经元。人脑的皮层中包含 100 亿个神经元、60 万亿个神经突触，以及它们的连接体。神经元是一种高度特化的细胞，具有感受刺激和传导兴奋的功能。通过神经元相互间的联系，对传入的神经冲动加以分析、存储，并发出调整后的信息。生物神经元的结构如图 5-4 所示。

细胞体：神经元的核心，由细胞核、细胞质和细胞膜三部分构成，负责处理接收到的信号。

轴突：细胞体向外伸出的最长分支，神经末梢将神经元输出信号传给其他神经元，为神经元细胞信息输出端。

树突：细胞体向外伸出的较短分支，接收其他神经元兴奋信号，为神经元细胞信息输入端。

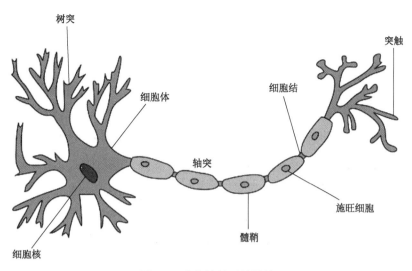

图 5-4　生物神经元的结构

突触：神经元之间相互连接的接口部分，即一个神经元的神经末梢与另一个神经元的树突相接触的交界面，位于神经元的神经末梢尾端。突触是轴突的终端。突触结构示意图如图 5-5 所示。

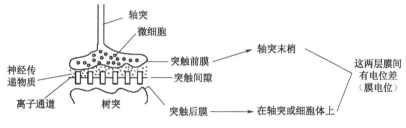

图 5-5　突触结构示意图

大脑可视为由 1000 多亿个神经元组成的神经网络。神经元的信息传递和处理是一种电化学活动。树突由于电化学作用接收外界的刺激，通过细胞体内的活动体现为轴突电位，轴突电位达到一定的值则形成神经脉冲或动作电位，再通过轴突末梢传递给其他神经元。从控制论的观点来看，这一过程可以看作一个多输入、单输出非线性系统的动态过程。

人脑活动基础：①由大量神经元组成神经系统；②神经细胞以特定方式相互交织构成复杂网络。

神经元工作流程如图 5-6 所示。

图 5-6　神经元工作流程

生物神经元具有两种状态：兴奋和抑制。当传入的神经冲动使细胞膜电位升高并达到或超过阈值时，细胞进入兴奋状态，产生神经冲动并由轴突输出；当传入的神经冲动使细胞膜电位下降至低于阈值时，细胞进入抑制状态，没有神经冲动输出。

生物神经网络的特性：信号以脉冲形式在神经元之间传递；神经元通过树突接收信号，沿着轴突传递到神经末梢；输入累计激励达到或超过阈值时，神经元处于兴奋状态，将信号传递给其他神经元；输入累计激励低于阈值时，神经元处于抑制状态，信号不被传递；神经网络结构连接动态改变。

### 2. 人工神经元的结构

人工神经元的研究源于脑神经元学说。19 世纪末，在生物、生理学领域，Waldeger 等人创建了脑神经元学说。人工神经网络是通过模拟生物神经网络的行为特征，进行分布式并行信息处理的数学模型。这种网络依靠系统的复杂度，通过调整内部大量节点之间的连接关系，达到信息处理的目的。人工神经网络具有自学习和自适应的能力，可以针对预先提供的一批相互对应的输入和输出数据，分析两者的内在关系和规律，最终通过这些规律形成一个复杂的非线性系统函数，这种学习和分析过程被称作"训练"。

人工神经网络是由大量处理单元经广泛连接而组成的人工网络，用来模拟人脑神经系统的结构和功能。这些处理单元被称作人工神经元。人工神经网络可看成以人工神经元为节点，用有向弧连接起来的有向图。在此有向图中，人工神经元就是对生物神经元的模拟，而有向弧则是对轴突—突触—树突的模拟。有向弧的权值表示相互连接的两个人工神经元间相互作用的强弱。人工神经元的结构如图 5-7 所示。

生物神经元和人工神经元的对应关系如表 5-1 所示。

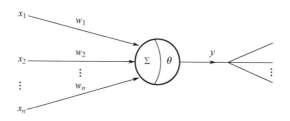

图 5-7　人工神经元的结构

表 5-1　生物神经元和人工神经元的对应关系

| 生物神经元 | 人工神经元 |
| --- | --- |
| 树突 | 输入 |
| 轴突 | 输出 |
| 突触 | 权值 |

人工神经网络从两个方面模拟人类大脑。

（1）人工神经网络获取的知识是从外界环境中学习得来的。

（2）内部神经元的连接强度，即权值，用于存储获取的知识。

对于某个处理单元（神经元）来说，假设来自其他处理单元 $i$ 的信息为 $x_i$，其与本处理单元的相互作用强度即连接权值为 $w_i$，$i=0,1,\cdots,n\text{-}1$，处理单元的内部阈值为 $\theta$。那么本处理单元的输入为 $\sum_{i=0}^{n-1} w_i x_i$，输出为 $y = f\left(\sum_{i=0}^{n-1} w_i x_i - \theta\right)$。式中，$x_i$ 为第 $i$ 个处理单元的输入；$w_i$ 为第 $i$ 个处理单元与本处理单元的连接权值；$f$ 称为激活函数或作用函数，它决定处理单元的输出；$\theta$ 表示隐层神经节点的阈值。

人工神经网络的主要工作是建立模型和确定权值，一般有前馈型和反馈型两种网络结构。通常，人工神经网络的学习和训练需要一组输入数据和输出数据，选择网络模型和传递、训练函数后，人工神经网络计算得到输出结果，根据实际输出和期望输出之间的误差进行权值的修正，在网络进行判断的时候只有输入数据而没有预期的输出结果。人工神经网络能通过它的神经元权值和阈值的不断调整从环境中进行学习，直到网络的输出误差达到预期的结果，就认为网络训练结束。

对于这样一种多输入、单输出的基本单元，可以进一步从生物化学、电生物学、数学等方面给出描述其功能的模型。由大量神经元相互连接组成的人工神经网络具有初步的自适应与自组织能力。可以在学习或训练过程中改变 $\omega_i$ 的值，以适应周围环境的要求。

同一网络因学习方式及内容不同可具有不同的功能。人工神经网络是一个具有学习能力的系统，可以发展知识，甚至能超过设计者原有的知识水平。通常，它的学习（或训练）方式可分为两种，一种是监督学习，即利用给定的样本标准进行分类或模拟；另一种是非监督学习，即只规定学习方式或某些规则，而具体的学习内容随系统所处环境（即输入信号情况）而异，系统可以自动发现环境特征和规律，具有更接近人脑的功能。

在人工神经网络设计及应用研究中，通常需要考虑三个方面的内容，即神经元激活函数、神经元之间的连接形式和网络的学习（或训练）。

在多层神经网络中，上层节点的输出和下层节点的输入之间具有一个函数关系，这个函数称为激活函数（又称激励函数）。在人工神经网络中，网络解决问题的能力和效率除了与网络结构有关，在很大程度上还取决于网络所采用的激活函数。激活函数的选择对网络的收敛速度有较大的影响，针对不同的实际问题，激活函数的选择也应不同。

常用的激活函数有以下几种。

1）sigmoid 函数

sigmoid 函数也称 Logistic 函数，它可以将一个实数映射到(0,1)区间内，可以用来做二分类。函数公式如下：

$$f(x) = \frac{1}{1 + e^{-x}} \tag{5-1}$$

函数图形如图 5-8 所示。

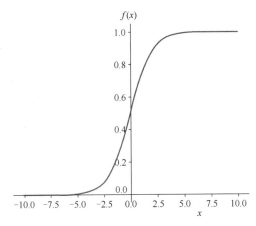

图 5-8　sigmoid 函数图形

该函数的缺点如下。

（1）当输入稍微远离坐标原点时，函数的梯度就变得很小，几乎为 0。在人工神经网络反向传播的过程中，都是通过微分的链式法则来计算各个权值的微分的。当反向传播经过 sigmoid 函数时，这个链条上的微分会变得很小，况且还可能经过多个 sigmoid 函数，最后会导致权值对损失函数几乎没有影响，这样不利于权值的优化，这个问题称为梯度饱和或梯度弥散。

（2）函数输出不是以 0 为中心的，这样会使权值更新效率降低。

（3）sigmoid 函数要进行指数运算，这对于计算机来说是比较慢的。

2）tanh 函数

tanh 函数是双曲正切函数，tanh 函数曲线和 sigmoid 函数曲线比较接近。这两个函数的相同点是在输入很大或很小的时候，输出都很平滑，梯度很小，不利于权值更新；不同的是输出区间，tanh 函数的输出区间是(-1,1)，函数输出是以 0 为中心的，这一点比 sigmoid 函数好。tanh 函数公式如下：

$$f(x) = \frac{e^x - e^{-x}}{e^x + e^{-x}} \tag{5-2}$$

tanh 函数图形如图 5-9 所示。

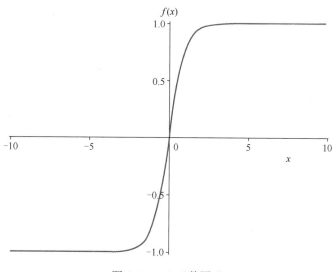

图 5-9 tanh 函数图形

一般在二分类问题中，隐层用 tanh 函数，输出层用 sigmoid 函数。不过，这也不是一成不变的，具体使用什么激活函数，还是要根据具体问题来具体分析。

tanh 函数解决了 sigmoid 函数的输出不以 0 为中心的问题。缺点是梯度饱和和指数运算的问题仍然存在。

3）ReLU（Rectified Linear Unit，修正线性单元）函数

该函数图形如图 5-10 所示，公式如下：

$$f(x) = \max(0, x) \tag{5-3}$$

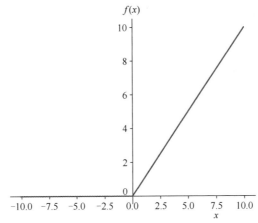

图 5-10  ReLU 函数图形

ReLU 函数是目前应用最广泛的一个激活函数，相比于 sigmoid 函数和 tanh 函数，它具有以下优点。

（1）在输入为正数的时候，不存在梯度饱和问题。

（2）计算速度快很多。ReLU 函数只有线性关系，不管是前向传播还是反向传播，计算速度都比 sigmoid 函数和 tanh 函数快很多。sigmoid 函数和 tanh 函数要计算指数，计算速度会比较慢。

该函数也有以下缺点。

（1）当输入是负数的时候，ReLU 函数是完全不被激活的。这在前向传播过程中影响不大，有的区域是敏感的，有的区域是不敏感的。但在反向传播过程中，输入负数，梯度就会变为 0，和 sigmoid 函数、tanh 函数有同样的问题。

（2）ReLU 函数的输出要么是 0，要么是正数。也就是说，ReLU 函数的输出也不是以 0 为中心的。

4）Leaky ReLU 函数

该函数图形如图 5-11 所示，公式如下：

$$f(x) = \max(\alpha x, x) \tag{5-4}$$

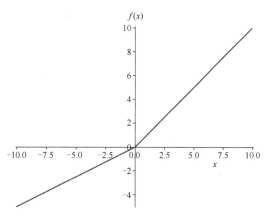

图 5-11　Leaky ReLU 函数图形

5）ELU（Exponential Linear Unit）函数

该函数图形如图 5-12 所示，公式如下：

$$f(x) = \begin{cases} x, & x > 0 \\ \alpha\left(e^x - 1\right), & 其他 \end{cases} \tag{5-5}$$

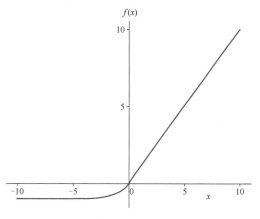

图 5-12　ELU 函数图形

## ⊙ 5.1.3 人工神经网络模型

人工神经网络按性能分为连续型和离散型网络，或者确定型和随机型网络；按拓扑结构分为前馈网络和反馈网络；按连接性质分为一阶线性关联网络和高阶非线性关联网络；按学习方法分为监督学习网络和非监督学习网络。

### 1. 前馈网络

在前馈网络中，各个神经元接收上一级的输入，并输出到下一级，网络中没有反馈，可以用一个有向无环图表示。这种网络实现信号从输入空间到输出空间的变换，它的信息处理能力来自简单非线性函数的多次复合。前馈网络结构简单，易于实现。常用的前馈网络有单层感知器、多层感知器、自适应线性神经网络及 BP 神经网络等。

1）感知器

感知器模型是美国学者罗森布拉特为研究大脑的存储、学习和认知过程而提出的一类具有自学习能力的神经网络模型，它把神经网络的研究从纯理论探讨引向了工程实现。感知器是最简单的前馈网络。感知器中有输入层和输出层，其中输入层里的"输入单元"只负责传输数据，不做计算。感知器可分为单层感知器和多层感知器。

罗森布拉特提出的感知器模型是一个只有单层计算单元的前馈神经网络，即单层感知器，感知器模型如图 5-13 所示。

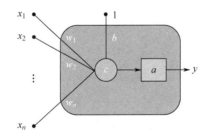

图 5-13　感知器模型

图 5-13 中的 $(x_1, x_2, \cdots, x_n)$ 是输入的数据，$(w_1, w_2, \cdots, w_n)$ 是权值，$b$ 为偏差项，$c$ 是组合函数，$a$ 是激活函数，输出结果为 $y$。

单层感知器模型的算法思想：首先把连接权值和阈值初始化为较小的非零随机数，

然后把有 $n$ 个连接权值的输入送入网络，经加权运算处理，得到的输出如果与所期望的输出有较大的差别，就对连接权值参数按照某种算法进行自动调整，经过多次反复，直到所得到的输出与所期望的输出间的差别满足要求为止，其工作流程如图 5-14 所示。

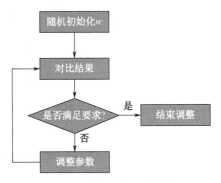

图 5-14　感知器的工作流程

感知器是二分类的线性分类模型，属于监督学习算法。其输入为实例的特征向量，输出为实例的类别（取+1 和-1）。感知器对应输入空间中将实例划分为两类的分隔超平面。感知器旨在求出该超平面，为求得超平面导入了基于误分类的损失函数，利用梯度下降法对损失函数进行最优化。单层感知器不能表达的问题被称为线性不可分问题。1969年，明斯基证明了"异或"问题是线性不可分问题。线性不可分函数的数量随着输入变量个数的增加而快速增加，甚至远远超过了线性可分函数的数量。也就是说，单层感知器不能表达的问题的数量远远超过了它所能表达的问题的数量。

在单层感知器的输入部分和输出部分之间加入一层或多层处理单元，就构成了多层感知器。

在多层感知器模型中，只允许某一层的连接权值可调，这是因为无法知道网络隐层的神经元的理想输出，因而难以给出一个有效的多层感知器学习算法。多层感知器克服了单层感知器的许多缺点，原来一些单层感知器无法解决的问题，在多层感知器中就可以解决。例如，应用二层感知器可以解决异或逻辑运算问题。

2）BP 神经网络

BP 神经网络是采用反向传播学习算法的前馈网络，如图 5-15 所示。BP 神经网络是

1986 年由 Rumelhart 和 McCelland 为首的科研小组提出的。BP 神经网络是一种按误差反向传播算法训练的多层前馈网络，是目前应用最广泛的神经网络模型之一。BP 神经网络能学习和存储大量的输入—输出模式映射关系，而无须事先揭示描述这种映射关系的数学方程。它的学习规则是使用最速下降法，通过反向传播来不断调整网络的权值和阈值，使网络的误差平方和最小。

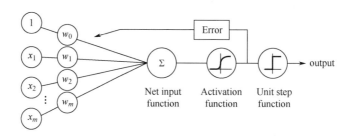

图 5-15　BP 神经网络流程图

### 2. 反馈网络

反馈网络内神经元间有反馈，可以用一个无向完备图表示。这种神经网络的信息处理是状态的变换，可以用动力学系统理论处理。系统的稳定性与联想记忆功能有密切关系。Hopfield 网络、玻尔兹曼机等都属于这种类型。

1）Hopfield 网络

Hopfield 网络是由美国生物物理学家约翰·霍普菲尔德与同事基于物理学原理提出的一种神经网络。该神经网络的每个单元由运算放大器、电容、电阻这些元件组成，每一单元相当于一个神经元。输入信号以电压形式加到各单元上。各个单元相互连接，接收到电压信号以后，经过一定时间网络各部分的电流和电压达到某个稳定状态，它的输出电压就表示问题的解答。

Hopfield 网络模型有两个重要功能，即存储信息和提取信息。在典型的对称型Hopfield 网络模型中，其系统的动力学趋于使能量函数达到最小值，生物学的噪声或神经元的背景活动可用温度表征，这就使神经网络具有统计力学或热力学的特性。Hopfield网络模型及其统计力学理论不仅增加了神经网络的理论概念，还发展了神经网络的计算方法，解决了网络中神经单元数量与存储模式数量之间的关系，以及网络噪声与神经单元存储效率之间的关系。霍普菲尔德提出的能量函数和网络自由能概念是其理论的基石。网络从高能状态到达最小能量函数状态，则得到收敛，给出稳定的解，完成网络功能，这是该理论的核心思想。这种理论实际上把神经网络看成由大量结构简单、动作相同的单元组成，每个单元的方向和位置是随机的。对于整个网络来说，如果各神经元之间的连接是对称的，且其变化是非同步的，那么网络将不断变化，进行迭代，直至收敛于某一点；如果网络中全部神经元的变化是同步的，那么网络变化是周期性的；如果各神经元之间的连接是非对称的，那么网络会出现定点收敛、周期性变化和混沌等状态。

Hopfield 网络按照处理输入样本的不同，可以分成两种不同的类型：离散型和连续型。前者适合处理输入为二值逻辑的样本，主要用于联想记忆；后者适合处理输入为模拟量的样本，主要用于分布存储。前者使用一组非线性差分方程来描述神经网络状态的演变过程，后者使用一组非线性微分方程来描述神经网络状态的演变过程。

（1）离散型 Hopfield 网络是一种全反馈式网络，其特点是任一神经元的输出均通过连接权值反馈到所有神经元作为输入，其目的是让任一神经元的输出都能受所有神经元输出的控制，从而使各神经元的输出能够相互制约。

（2）连续型 Hopfield 网络的拓扑结构与离散型 Hopfield 网络相似，所不同的是，连续型 Hopfield 网络中节点的状态为模拟值且连续变化。基于生物存储器的基本思想，霍普菲尔德在 1984 年提出了连续时间的神经网络模型。

2）玻尔兹曼机

玻尔兹曼机由杰弗里·辛顿（Geoffrey Hinton）和特里·谢泽诺斯基（Terry Sejnowski）发明，是随机神经网络和递归神经网络的一种。玻尔兹曼机借鉴了模拟退火的思想。它能够表达和解决复杂的组合优化问题。但是，没有特定限制连接方式的玻尔兹曼机到目前为止尚未被证明对机器学习的实际问题有什么用。

## ⊙ 5.1.4　人工神经网络的优点及应用

人工神经网络是崭新且令人兴奋的研究领域，具有很大的发展潜力。其优点可列举如下。

（1）可处理噪声。一个人工神经网络训练完成后，即使输入的数据中有部分遗失，它仍然有能力辨认样本。

（2）不易损坏。因为人工神经网络以分布式的方法来表示数据，所以当某些单元损坏时，它依然可以正常工作。

（3）可以实现并行处理。

（4）可以学习新的知识。

（5）可以为智能机器提供一个较合理的模式。

（6）已经被成功地运用在某些以传统方法很难解决的问题上，如某些视觉问题。

（7）它提供了一个工具来模拟并探讨人脑的功能。

人工神经网络在一些领域中的应用如表 5-2 所示。

表 5-2　人工神经网络的应用

| 应用 | 说明 |
| --- | --- |
| 过程建模与控制（Process Modeling and Control） | 为物理设备创建一个神经网络模型，通过该模型来决定设备的最佳控制设置 |
| 机器故障诊断（Machine Diagnostics） | 当检测到机器出现故障时，系统可以自动关闭机器 |
| 证券管理（Portfolio Management） | 以一种高回报、低风险的方式分配证券资产进行投资 |
| 目标识别（Target Recognition） | 通过视频或者红外图像数据检测是否存在敌方目标，被广泛应用于军事领域 |
| 医学诊断（Medical Diagnosis） | 通过分析报告的症状和 MRI、X 射线图像数据，协助医生诊断 |
| 信用评级（Credit Rating） | 根据财务状况，自动对公司或者个人进行信用评级 |
| 目标市场（Targeted Marketing） | 根据统计学原理，找出对营销活动反响率最高的人群 |
| 语音识别（Voice Recognition） | 将语音转换为 ASCII 文本 |
| 经济预测（Financial Forecasting） | 通过历史安全数据预测未来经济活动的安全性 |
| 质量控制（Quality Control） | 将照相机或传感器绑定到生产过程的最后环节，自动检查产品是否有缺陷 |
| 智能搜索（Intelligent Searching） | 互联网搜索引擎会基于用户过去的行为提供最相关的内容和广告 |
| 欺诈检测（Fraud Detection） | 检测信用卡欺诈交易，并自动拒绝付款 |
| 光学字符识别（OCR） | 打印的文档被扫描并转换为电子格式，如 ASCII 文本，以易于操作和/或更有效地存储 |

## 5.2 房价预测实例

### 5.2.1 房价预测模型构建

在人工智能时代，可以借助计算机软硬件技术及人工智能相关算法来实现一些特定的需求，如房价预测。通常，人们在购房时由于对房地产市场不熟悉，需要做大量的前期调研或者向有经验的人进行学习，最便捷的方法是找一个房产中介，将自己的需求告诉他，然后他就能给出一个相对靠谱的报价。房产中介之所以能够作出比较精准的判断，是因为他们对相关数据有着充分的了解，已经从中学习到了经验，而房产中介对最终价格预测的质量也和其本身经验有关，不同的房产中介对于同一套房可能给出完全不同的报价，出现这一现象的原因就是每个房产中介对已有的房价数据的学习和分析水平不同。此时，可以考虑让计算机替代房产中介，对相关数据进行学习和分析，构建一个房价预测系统，只要输入房屋的相关信息，就能得到一个较为精确的价格。

房价是房产的市场价值，其对人们的生活水平和国民经济发展有着很大的影响。房价的研究已受到统计学、管理学、计算机科学等多个领域的重点关注，房价预测也成为许多学者研究和探讨的问题。顺应大数据和机器学习的发展趋势，结合网络数据，利用机器学习算法预测房价更具科学性。

房价作为大众最关心的社会热点问题之一，影响其变动的因素有很多。从实际情况来看，房价的变动与自身和外部因素都有关联。区位因素、实物因素和权益因素都属于自身因素。而人口因素、经济因素、社会因素、国际因素和政策因素等都是外部因素。下面对其中 5 种因素做一个简单的介绍。

（1）人口因素：人口是影响房价变动的根本因素。常住人口和户籍人口的比例与房价的涨幅之间具有非常明显的正相关关系。比如北京、上海、广州等地，因外来人口持续增多，导致住房资源紧缺，在这种条件下房价上涨成为必然趋势。

（2）经济因素：随着地方经济水平的提高和居民生活条件的不断改善，该地区的各个市场都会发生变化。其中，房地产市场的需求量会有明显的变动。改革开放以来，全国经济迅猛增长，房地产行业日益成熟。沿海城市与内陆城市，尤其是西部城市相比，房价有较为明显的差异，这主要是这些城市之间巨大的经济差异导致的。

（3）区位因素：近年来，社会、家庭和学校都在严格把控学生教育质量，尤其是家长对学生教育质量的看重，间接带动了学校周边房地产业的发展。

（4）社会因素：社会因素会产生长期的影响。例如，一个城市的人文、风俗、环境等，都会影响房价的整体水平。

（5）政策因素：由于不同市场之间的关联很大，往往是牵一发而动全身，所以当某一行业出现问题的时候，政府会根据实际情况制定对应的措施进行调节。

房屋面积是房价最直接的影响因素，这里就对房屋面积与房价的关系进行分析。

表 5-3 中展示了 45 组房价数据，其中包含每套房屋的面积及总价。现在需要对这些数据进行分析，挖掘其中蕴含的信息，以构建一个尽可能准确的房价预测模型。

表 5-3　房价数据

| 面积（m²） | 价格（¥） | 面积（m²） | 价格（¥） | 面积（m²） | 价格（¥） |
| --- | --- | --- | --- | --- | --- |
| 90 | 190852.83 | 90 | 184501.04 | 90 | 192208.93 |
| 94 | 168830.08 | 85 | 178870.21 | 93 | 186865.89 |
| 74 | 153345.93 | 80 | 151675.04 | 65 | 146345.96 |
| 55 | 119952.16 | 113 | 242710.96 | 88 | 168769.44 |
| 117 | 233940.28 | 77 | 162583.03 | 57 | 97618.37 |
| 55 | 98991.87 | 40 | 81701.77 | 72 | 136028.00 |
| 46 | 79922.51 | 58 | 101686.80 | 81 | 146559.37 |
| 62 | 134421.23 | 63 | 120933.63 | 52 | 117147.25 |
| 51 | 88764.43 | 43 | 92965.34 | 70 | 121875.85 |
| 52 | 87533.59 | 69 | 135673.33 | 57 | 119051.49 |
| 102 | 211414.39 | 56 | 109360.56 | 56 | 113903.45 |
| 97 | 212135.73 | 54 | 112710.68 | 40 | 92771.48 |
| 119 | 218157.93 | 91 | 182525.53 | 71 | 129957.90 |
| 82 | 164487.69 | 119 | 244015.89 | 113 | 240274.01 |
| 97 | 206504.84 | 57 | 118041.56 | 104 | 202066.11 |

首先对房价数据进行可视化，如图 5-16 所示。

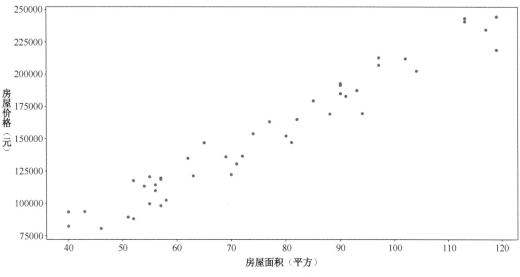

图 5-16　房价数据可视化

将数据可视化之后，能够很容易地看出，房屋总价和房屋面积大致呈现线性分布，且两者之间有正相关关系。此时，考虑用线性函数对数据进行拟合，而拟合程度最高的函数就是最终的房价预测模型。根据已有的数学知识，可以很容易地构建如下线性函数来描述当前数据：

$$Y = wX + b \tag{5-6}$$

显然，这是一个典型的线性回归模型，但是模型中存在两个未知量 $w$、$b$，想要较为准确地预测房价，必须求得它们的值，所以，当前问题就变成了求解 $w$、$b$ 的问题。

根据已有的数学知识可以知道，只需要两组已知数据，就能够求解这个线性方程。随机从房价数据中选出两组数据 data_1=[90,184501.04] 和 data_2=[40,81701.77]，将这两组数据代入上述线性方程，能够得到如下线性模型：

$$Y = 2055.99 \times X - 537.64 \tag{5-7}$$

此时，得到了一个线性模型，如果需要对未知的房价进行预测，只需要将房屋的面积数据 $X$ 输入以上模型中，就可以得出房屋总价 $Y$。对该预测模型进行可视化，效果图如图 5-17 所示。

图 5-17 中的点表示所有的房价数据，直线表示房价预测模型。明显可以看出，在所有房价数据中，只有少量数据能够和当前模型完全拟合，其他数据都处在直线的上下方，

处在直线上方的点表示实际价格比当前模型预测价格高，处在直线下方的点表示实际价格比当前模型预测价格低。

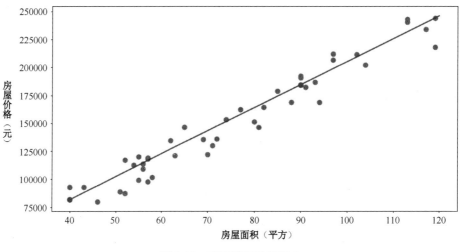

图 5-17　预测模型效果图 1

用同样的方法，再选择 data_3=[85,178870.21] 和 data_4=[65,146345.96] 作为已知数据对线性模型进行求解，结果如下：

$$Y = 1626.21 \times X + 40642.12 \qquad (5\text{-}8)$$

同样对上述预测模型进行可视化，可得到如图 5-18 所示的效果图。

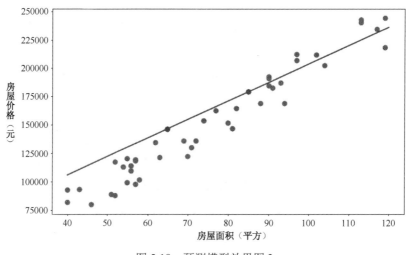

图 5-18　预测模型效果图 2

从图 5-18 中可以明显地看到，能和当前模型完全拟合的只有选取的已知数据，其他数据都不能和模型完全拟合，而且大部分数据与当前模型的预测结果差距较大。上述两个预测模型的对比如图 5-19 所示。

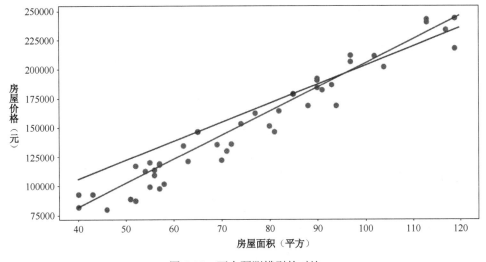

图 5-19　两个预测模型的对比

从图 5-19 中很容易能够看出，这两个模型都不能对所有数据进行精确拟合，但是第一次得的模型明显优于第二次求得的模型，因为第一个模型的数据点聚集程度明显高于第二个模型的数据点聚集程度。由此可以看出，在房价预测实例中，对于同样的数据，可以求得多个线性模型，而每个模型对数据的拟合程度都是不一样的，将模型对数据的拟合程度作为一种精度评定指标，显然应将精度最高的模型作为最终的预测模型，所以，要尽可能求得拟合程度最高也就是精度最高的线性模型。

那么，应该用什么指标评价线性模型呢？通常采用均方误差作为指标进行评价，均方误差公式如下：

$$\mathrm{MSE} = \frac{\sum_{i=1}^{n}\left(y_i - y_i^p\right)^2}{n} \tag{5-9}$$

式中，$y_i$ 表示数据集中的真实房价数据，称为真实值；$y_i^p$ 表示通过预测模型预测出来的房价数据，称为预测值。通过计算每组房价数据真实值与预测值之间的差值得到均方误差，然后通过观察均方误差的大小来判断当前模型的优劣。从式（5-9）能够看出，预测值和真实值之间的差距越大，最终求得的均方误差就越大，而预测值和真实值差距越大，就说明预测出来的结果越不可靠，进而能够说明模型的精度不高。所以，均方误差越大，说明模型越不可靠；反之，均方误差越小，说明模型越可靠，精度越高。

因此，可以多次随机选择不同数据对线性模型进行求解，然后计算每个模型的均方误差，选取其中均方误差最小的模型作为最终的结果。但是，这样做带来的开销极其大，计算次数尤其多。房价预测实例中共有 45 组房价数据，假设每次随机选取两组数据进行模型求解，则一共需要计算的次数为

$$C_{45}^2 = 990$$

如果数据量更大，则计算的次数更多，并且，严格按照数据集中的数据计算出来的模型有可能不是最优的，有些时候线性模型通过数据集中某些数据的近似值计算出来的解更加接近真实情况，所以，找到一个简单便捷且求解质量更高的方法来替代手工求解的方法成为了关键。

借助神经网络的方法，可以很容易构建一个房价预测网络，并且求得其相对最优的解。

## ⊙ 5.2.2 房价预测网络构建

通过前面的分析可以知道，数据集中共有 45 组数据，每组数据包含两个变量，一个是房屋面积，一个是房屋价格；需求是构建一个房价预测模型，或者说一个线性回归模型，把房屋面积输入模型中，能够通过房屋面积预测房屋价格。根据机器学习的相关知识可以知道，在这些数据中，房屋面积是数据的特征，房屋价格是数据的标签，需求可以描述为通过分析数据的特征得到数据的标签。也就是说，构建出来的模型有一个输入参数和一个输出参数。所以，可以构建一个如图 5-20 所示的简单神经网络。

对于这个实例，因为数据集比较简单，只有一个输入参数，所以只需要构建一个单隐层的神经网络，将数据的特征即房屋面积输入隐层中，隐层实际上可以理解为求解的线性回归模型，然后将隐层计算处理后的值即预测的房屋价格作为输出。此时，只需要

利用神经网络的方法把权值 $w_1$ 和偏置项 $b$ 的值求解出来，就能得到模型的解。

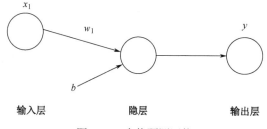

图 5-20　房价预测网络

在神经网络中，对模型的求解是一个不断尝试的过程，简单的思路是预先随机给定权值和偏置项的值，将训练数据输入初始模型得到一个预测值，通过对比预测值与真实值，对当前的权值和偏置项的值进行修改，得到一个新的模型，再将训练数据输入这个新的模型进行相同的操作，如此循环迭代，直到精度达到要求或者迭代次数达到阈值为止。此时得到的模型就是计算得到的最优模型。

## 5.3　手写数字识别实例

### 5.3.1　手写数字识别简介

古人们曾在岩石、树木等物体上通过文字及符号记录生活，并流传至今。这些得以保存的字符能够帮助人们研究历史。时至今日，人们仍然习惯通过手写的方式来记录信息。手写数字识别属于光学字符识别的范畴，其本质归于图片分类算法研究，利用机器学习来处理手写数字不仅有广泛的实际应用场景，同时具有较高的实用价值。

光学字符识别起源于电报技术和盲人阅读技术。研究初期，识别的对象仅为数字 0～9，1965—1970 年开始有一些简单的产品，数字识别技术开始被应用在邮编识别等工作场景中。1985 年，Shildhar 和 Badreldin 提出了能够准确识别手写数字的算法，他们使用拓扑特征，并结合语法分类器来高精度识别手写数字。1989 年，Yann LeCun 等人在贝尔实验室将使用反向传播算法训练的卷积神经网络结合到读取手写数字上，并成功应用于识别美国邮政服务提供的手写邮政编码数字，成为了 LeNet 系列卷积神经网络的雏形。同年，Yann LeCun 在其发表的一篇论文中描述了一个小的手写数字识别问题，并且表明即使该问题是线性可分的，单层网络也表现出较差的泛化能力。而当在多层的、有约束的网络上使用有位移不变性的特征检测器（Shift Invariant Feature Detectors）时，该模型可以在此任务上表现得非常好。1990 年，他们发表的论文再次描述了反向传播网络在手写数字识别中的应用，他们仅对数据进行了最小限度的预处理，而模型则是针对这项任务精心设计的，并且对其进行了高度约束。输入数据由图片组成，每张图片包含一个数字，在美国邮政服务提供的邮政编码数字数据上的测试结果显示，该模型的错误率仅为1%，拒绝率约为 9%。

1994 年，Yann LeCun、Leon Bottou 等人比较了几个分类算法在手写数字标准数据库上的性能，该比较同时考虑了准确率、训练时间、识别时间等。1998 年，Yann LeCun、Leon Bottou、Yoshua Bengio 和 Patrick Haffner 等人再次发表论文，回顾了应用于手写数字识别的各种模型，并用标准手写数字识别基准任务对这些模型进行了比较，结果显示卷积神经网络的表现超过了其他所有模型。该研究获得了巨大的成功，从那时起，他们使用的 MNIST 数据集成为了手写数字识别的流行算法和验证算法的基本数据集。

当然，神经网络并不是识别手写数字的唯一算法。1997 年，Scholkopf 等人就使用支持向量机在美国邮政服务手写数字数据库上进行了测试，测试的模型有使用 RBF 内核的 SVM、使用高斯核函数的 SVM，以及由 SVM 方法确定的中心和由误差反向传播算法训练的权值的混合系统，结果显示，支持向量机在当时的模型中实现了最高的精度。

手写数字识别目前已成为人工智能领域及计算机视觉领域的基本问题，大量的识别算法不断涌现，近几年来在 MNIST 数据集上，识别准确率更是高达 99%。

MNIST 数据集是计算机视觉领域中非常经典的一个数据集，如图 5-21 所示。它包含各种手写数字图片，共有 7 万张图片，其中 6 万张用于神经网络的训练（即训练集），剩下的 1 万张用于神经网络的测试（即测试集）。每张图片均为黑底白字，其中黑底用 0 表示，白字用 0 和 1 之间的浮点数表示，越接近 1，则颜色越白。

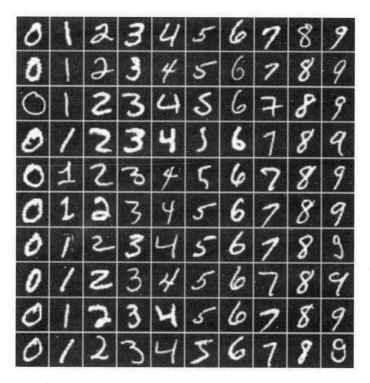

图 5-21　MNIST 数据集

## ⊚ 5.3.2　手写数字识别网络构建

　　卷积神经网络是一种深度学习模型或类似于人工神经网络的多层感知器，常用来分析视觉图像。卷积神经网络的创始人是著名的计算机科学家 Yann LeCun，目前在 Facebook 工作，他是第一个通过卷积神经网络在 MNIST 数据集上解决手写数字识别问题的人。卷积神经网络主要由输入层、卷积层、ReLU 层、池化层和全连接层（全连接层和常规神经网络中的一样）组成。通过将这些层叠加起来，就可以构建一个完整的卷积神经网络。在实际应用中往往将卷积层与 ReLU 层共同称为卷积层。具体来说，卷积层和全连接层对输入执行变换操作的时候，不仅会用到激活函数，还会用到很多参数，即神经元的权值 $w$ 和偏差 $b$；而 ReLU 层和池化层则进行固定不变的函数操作。卷积层和全连接层中的参数会随着梯度下降被训练，这样卷积神经网络计算出的分类评分就能和训练集中每张图片的标签吻合。

借助卷积神经网络对图像处理的优势，可以构建一个卷积神经网络对手写数字进行识别，这里用一个比较经典的卷积神经网络 LeNet-5 来阐述怎样对手写数字进行识别。LeNet-5 网络结构如图 5-22 所示。

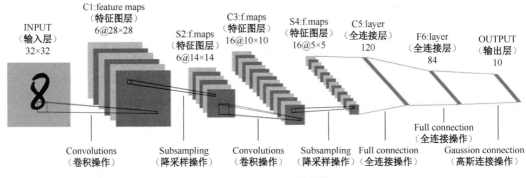

图 5-22　LeNet-5 网络结构

LeNet-5 共有 8 层，每层都包含可训练的参数，每层都有一定数目的 feature map，其中，每个 feature map 通过一种卷积滤波器提取对应的一种特征。对于 MNIST 数据集中手写数字的识别，LeNet-5 每一层进行的操作可以总结如下。

（1）输入层：输入图片，每张图片维度为 32×32×1。

（2）卷积层（C1 层）：使用 6 个 3×3×1 的过滤器，步长为 1，padding 参数设置为"same"，进行卷积时，输入图像边缘补零，输出的图像维度为 28×28×6。

（3）最大池化层（S2 层）：使用 2×2 的过滤器，步长为 2，输出的图片维度为 14×14×6。

（4）卷积层（C3 层）：使用 16 个 3×3×6 的过滤器，步长为 1，padding 参数设置为"valid"，进行卷积时，输入图像边缘不补零，输出的图像为 12×12×16。

（5）最大池化层（S4 层）：使用 2×2 的过滤器，步长为 2，输出的图片维度为 5×5×16。

（6）全连接层（C5 层）：处理为 120 个节点输出给下一层。

（7）全连接层（F6 层）：处理为 84 个节点输出给下一层。

（8）输出层：最终计算得到 10 个节点，代表数字 0～9。

经过 LeNet-5 的处理，机器能够将图片的特征一步一步抽象出来，进而根据这些通过卷积操作提取的深度特征判断图片上的数字到底是几。该卷积神经网络对 MNIST 数据集中手写数字的识别准确率能够达到 98%左右，能够达到这么好效果的原因一是

MNIST 数据集本身的数据结构不太复杂，二是卷积神经网络在进行图片识别时能够抽取出具有语义信息的特征。当然，对于复杂的图像数据和处理需求，需要构建更加复杂的网络才能够达到较好的识别效果。

# 本章小结

本章介绍了机器学习相关任务的一种重要实现方法——人工神经网络，也是目前机器学习的主要研究热点，主要内容包括人工神经网络的发展、人工神经网络的定义、人工神经网络的基本原理及两个人工神经网络实现案例，重点内容是人工神经网络的基本原理及实现案例。通过本章的学习，读者可以对人工神经网络有一个较为全面的认识，能够利用人工神经网络实现简单的机器学习任务，如简单的分类问题和回归问题，为进一步学习机器学习原理及应用打下基础。

# 习　　题

## 一、选择题

1. 以下表示 ReLU 激活函数的是（　　）。

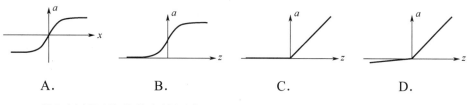

　A.　　　　　　　B.　　　　　　　C.　　　　　　　D.

2. 卷积神经网络的英文缩写为（　　）。

　A．ANN　　　　　B．BNN　　　　　C．CNN　　　　　D．DNN

## 二、填空题

1. 人工神经网络的发展大致经历了_____、_____、_____、_____。

2. 人工神经网络按拓扑结构可分为_____和_____。

3. 常见的激活函数有_____、_____、_____。（任写三种即可）

4．人工神经网络的英文缩写为＿＿＿＿＿＿。

## 三、分析题

1．简述 BP 算法的原理。

2．简述生物神经元与人工神经元结构的对应关系。

# 第 6 章

## 强化学习

 **内容梗概**

机器学习可以分为监督学习、非监督学习和强化学习等。强化学习是机器学习的一个分支，强调基于环境而行动，以取得最大化的预期利益。其灵感来源于心理学中的行为主义理论，即智能体在环境给予的奖励或惩罚的刺激下，逐步形成对刺激的预期，产生能获得最大利益的习惯性行为。本章主要介绍强化学习的概念、分类、应用及常见强化学习算法。

 **学习重点**

1. 了解强化学习的基本概念、发展、分类及应用。
2. 掌握马尔可夫决策过程。
3. 了解有模型学习和无模型学习。
4. 掌握 Q-Learning 算法和 Sarsa 算法。

## 6.1　强化学习概述

　　机器学习研究的是计算机程序如何实现智能体通过学习提高自身处理性能的问题。计算机程序具有智能的基本标志是能够学习。强化学习（Reinforcement Learning，RL）因为具有生物相关性和学习自主性，在机器学习领域和人工智能领域引发了极大的关注，并且在机器人控制、导弹制导、预测决策、最优控制、棋类对弈、工作调度、飞行控制、金融投资及城市交通控制等领域都有较高的实用价值。

### ⊙ 6.1.1　强化学习的基本概念

　　强化学习又称增强学习、加强学习、再励学习或激励学习，是一种从环境状态到行为映射的学习，是机器学习的分支之一，如图 6-1 所示。强化学习介于监督学习和非监督学习之间，是一种试错方法，它强调基于环境而行动，以取得最大化的预期利益。其灵感来源于心理学中的行为主义理论，即智能体在环境给予的奖励或惩罚的刺激下，逐步形成对刺激的预期，产生能获得最大利益的习惯性行为。强化学习的主要特点是智能体和环境之间不断进行交互，智能体为了获得更多的累计奖励而不断搜索和试错。

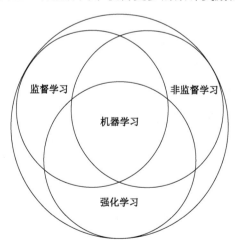

图 6-1　机器学习三大分支

强化学习主要由5个部分组成，分别是智能体、环境、状态、行动和奖励，如图6-2所示。

图 6-2　强化学习的组成

智能体指的是可以采取动作的智能个体。例如，进行棋类对弈的机器人，可以完成农药喷洒的无人机，或者在迷宫中寻找出口的机器人。

行动指的是智能体可以采取的动作的集合。一个动作当然很容易判断，但智能体是从可能的动作列表中进行选择，这个必须注意。例如，在空中飞行的无人机，其动作列表可能包含三维空间中各种不同的速度和加速度。在电子竞技游戏中，动作列表可能包含向高处跳、向低处跳、向右跑、向左跑、下蹲、保持不动等。在股市操作中，动作列表可能包含买入、卖出、持有任何有价证券等。

环境指的是智能体行走于其中的世界。环境将智能体当前所处的状态和动作作为输入，输出的是智能体所获得的奖励和下一步的状态。

状态指的是智能体所处的具体即时状态，也就是一个具体的时间和地点，它能够将智能体和其他重要的事物关联起来，如工具、敌人或者奖励。

奖励是衡量某个智能体的行动成败的反馈。例如，在电子游戏中，当游戏人物碰到金币的时候，它就会获得奖励，遇到地雷的时候则会受到惩罚。面对任何既定的状态，智能体以动作的形式向环境输出，然后环境会返回一个新状态，这个新状态会受到基于之前状态的行动的影响和奖励。奖励可能是即时的，也可能是迟滞的。它可以有效地评估该智能体的行动。

图6-2中的智能体指的是计算机，计算机在强化学习过程中采取行动来操纵环境，从一个状态转变到另一个状态，当它完成任务时，系统就给予它奖励，当它没完成任务时，系统就不给予奖励，这就是强化学习的核心思想。

## ⊙ 6.1.2　强化学习的发展历史

　　强化学习是从控制理论、统计学、心理学等相关学科发展而来的，在人工智能、机器学习和自动控制等领域得到了广泛研究和应用，并被认为是设计智能系统的核心技术之一。随着强化学习的数学基础研究取得突破性进展，强化学习成为机器学习领域的研究热点之一。

　　1953 年，数学家 Richard Bellman 提出动态规划数学理论和方法，其中的贝尔曼条件（Bellman Condition）是强化学习的基础之一。1954 年，Minsky 首次提出"强化"和"强化学习"的概念。20 世纪 50 年代末，人们开始使用最优控制（Optimal Control）这一术语。1957 年，Richard Bellman 提出马尔可夫决策过程，强调在强化学习过程中，正确地理解马尔可夫决策过程有至关重要的意义。1960 年，Howard 提出马尔可夫决策过程的策略迭代方法。这些研究成果都成为现代强化学习的理论基础。1963 年，Andreae 开发出 STeLLA 系统，可以通过与环境交互进行试错学习。Donald Michie 描述了一个名为 MENACE 的试错学习系统。1972 年，Klopf 把试错学习和时序差分结合在一起。1975 年，John Holland 基于选择原理阐述了自适应系统的一般理论。他的著作《自然系统和人工系统中的自适应》的出版对人工智能领域意义重大，不仅对强化学习的研究产生了深远的影响，还普及了遗传算法，推动了优化与搜索的研究。

　　1977 年，Paul Werbos 提出了一种求解自适应动态规划的方法，该方法后来被称为自适应校正设计（Adaptive Critic Designs）。自适应校正设计有许多同义词，包括近似动态规划（Approximate Dynamic Programming）、渐近的动态规划（Asymptotic Dynamic Programming）、自适应动态规划（Adaptive Dynamic Programming）、启发式动态规划（Heuristic Dynamic Programming）、神经动态规划（Neuro-Dynamic Programming）。该方法奠定了后来的动态规划、强化学习的基础。

　　1988 年，Sutton 提出了一类专门用于预测的增量学习过程，使用过去不完全知道的系统的经验来预测其未来行为，即时间差分法。对于大多数现实世界的预测问题，时间差分法比当时的传统方法需要更少的内存和更少的峰值计算，并且可以实现更准确的预测。

1989 年，Watkins 在其博士论文 *Learning from delayed rewards* 中最早提出 Q 学习（Q-Learning）算法。1991 年，Lovejoy 研究了部分可观测马尔可夫决策过程（POMDP）。1992 年，Watkins 和 Dayan 在机器学习的一个技术笔记（Technical Note）中给出了 Q 学习的收敛性证明，证明了当所有的状态都能重复访问时，$Q$ 函数最终会收敛到最优 $Q$ 值。1994 年，Rummery 和 Niranjan 在一个名为 Modified Connectionist Q-Learning（MCQ-L）的技术注释中提出了 Sarsa 算法，这是一种学习马尔可夫决策过程策略的算法。1995 年，D. P. Bertsekas 和 J. N. Tsitsiklis 讨论了一类用于不确定条件下的控制和顺序决策的动态规划方法，这类方法具有处理长期以来由于状态空间较大或缺乏准确模型而难以处理的问题的潜力，他们将规划所基于的环境表述为马尔可夫决策过程，这就是强化学习的雏形。1996 年，Bertsekas 提出了解决随机过程中优化控制的神经动态规划方法。1999 年，为了能够进行可靠的位置估计，Thrun 等人提出了蒙特卡洛定位方法，使用概率方法解决机器人定位问题。他们的实证结果表明，该方法能够在不知道其起始位置的情况下有效地定位移动机器人。2006 年，Kocsis 提出了置信上限树算法。2009 年，Kewis 提出了反馈控制自适应动态规划方法。

从 2010 年开始，强化学习技术（MDP 和动态规划）被用于金融衍生品定价问题。2013 年，DeepMind 的 Mnih 等人在 NIPS 上发表了论文 *Playing atari with deep reinforcement learning*，论文中主体利用深度学习网络直接从高维度的感应器输入提取有效特征，然后利用 Q-Learning 学习主体的最优策略。这种结合深度学习的 Q 学习方法被称为深度 Q 学习（DQL）。2014 年，Silver 等人提出了确定性策略梯度（Policy Gradients）算法，用于连续动作的强化学习。2015 年，DeepMind 提出了 Deep-Q-Network 算法。2016 年，Van Hasselt, H.和 Guez A.提出了使用双 Q-Learning 的深度强化学习。2017 年 10 月，DeepMind 发布了最新强化版的 AlphaGo Zero，这个版本不需要使用人类专业棋谱，比之前的版本更强大。通过自对弈，AlphaGo Zero 经过三天的学习就超越了 AlphaGo Lee 的水平，21 天后达到 AlphaGo Master 的水平，40 天内超越了之前的所有版本。2017 年 12 月，DeepMind 发布了 AlphaZero 论文，进阶版的 AlphaZero 算法从围棋领域扩展到国际象棋、日本象棋领域，并且在没有人类专业知识的帮助下就能击败各个领域的世界冠军。2018 年，DeepMind 在 *Nature Neuroscience* 上发表新论文，提出了一种新型的元强化学习算法。强化学习的发展历程如图 6-3 所示。

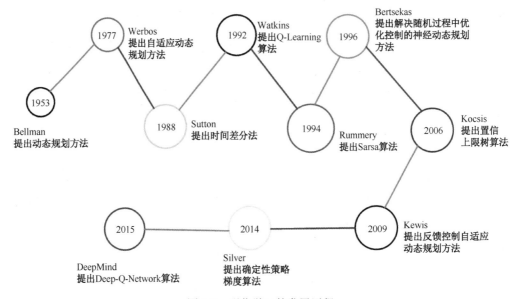

图 6-3 强化学习的发展历程

## ⊙ 6.1.3 强化学习的分类

强化学习可以分为两大类，一类是有模型的强化学习，另一类是无模型的强化学习。有模型的强化学习有动态规划法，无模型的强化学习有蒙特卡洛法和时间差分法，如图 6-4 所示。

动态规划法是实现决策过程最优化的数学方法，其主要思想是求问题的最优解，求解的大问题可以分解成小问题，分解后的小问题存在最优解，将小问题的最优解组合起来就能够得到大问题的最优解。分析思路是从上往下分析问题，从下往上求解问题。

蒙特卡洛法也称统计模拟法、统计试验法，其主要思想是首先根据实际问题构造概率统计模型，问题的解恰好是求解模型的参数或数字特征；然后对模型进行抽样试验，给出所求解的近似值；最后统计处理模拟结果，给出问题解的统计估计值和精度估计值。

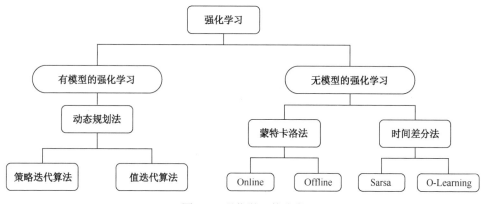

图 6-4　强化学习的分类

　　时间差分法是强化学习理论中最核心的内容，也是强化学习领域最重要的成果。时间差分法结合了动态规划法和蒙特卡洛法的思想，它与后两者的主要不同点在值函数估计上。时间差分法分为两类，一类是在线控制（On-policy Learning），即一直使用一个策略来更新价值函数和选择新的动作，其代表是 Sarsa 算法。而另一类是离线控制（Off-policy Learning），即使用两个控制策略，一个策略用于选择新的动作，另一个策略用于更新价值函数，其代表是 Q-Learning 算法。

## ⊙ 6.1.4　强化学习的特点及应用

　　强化学习与监督学习、非监督学习的区别如表 6-1 所示。

表 6-1　强化学习与监督学习、非监督学习的区别

| 项目 | 监督学习 | 非监督学习 | 强化学习 |
| --- | --- | --- | --- |
| 学习依据 | 基于监督信息 | 基于数据结构的假设 | 基于评估 |
| 数据来源 | 一次性给定 | 一次性给定 | 在交互中产生 |
| 决策过程 | 单步 | 无 | 序列 |
| 学习目标 | 样本到语义标签的映射 | 同一类数据的分布模式 | 选择能够获得最大奖励的状态到动作的映射 |

　　强化学习的主要特点如下。

　　基于评估：强化学习利用环境评估当前策略，以此为依据进行优化。

　　交互性：强化学习的数据在与环境的交互中产生。

序列决策过程：智能体在与环境的交互中需要做出一系列决策，这些决策往往是前后关联的。

强化学习的应用如图 6-5 所示。

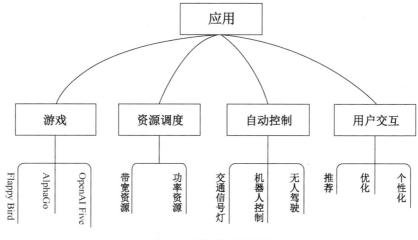

图 6-5　强化学习的应用

## 6.2　强化学习基础

### ⊙ 6.2.1　马尔可夫决策过程

马尔可夫决策过程（Markov Decision Process，MDP）是基于马尔可夫论的随机动态系统的最优决策过程，其具有马尔可夫性，即事件的下一状态与历史状态无关，只与当前状态和当前采取的动作有关。

通常用马尔可夫决策过程描述强化学习问题。一个基本的 MDP 问题可以用一个五元组（$S,A,P,R,\gamma$）来表示，其中：

$S$ 表示有限状态空间；

$A$ 表示有限动作空间；

$P$ 表示状态转移概率；

$R$ 表示奖励函数；

γ表示折扣因子。

从状态 s 转移到 s' 的概率可以用如下公式表示：

$$P_{ss'}^a = E(S_{t+1} = s'|S_t = s, A_t = a)$$ (6-1)

在强化学习中，一开始并不清楚当前状态应该采取哪种行动，所以需要在不断的尝试中学习到一种策略 π，根据这种策略，就能够得知当前需要执行的行动 π(s)。对这种策略 π 也采用马尔可夫假设，即当前采取行动 a 的概率仅与当前状态有关，而与其他因素无关，可表示为

$$\pi(a|s) = P(A_t = a|S_t = s)$$ (6-2)

## ⊛ 6.2.2　贪心算法

贪心算法是指在对问题求解时，总是做出在当前看来是最好的选择。也就是说，不从整体最优加以考虑，求得的仅是在某种意义上的局部最优解。在贪心算法中，要逐步构造一个最优解。每一步都在一定的标准下，做出一个最优决策。做出决策所依据的标准称为贪心准则。

从一个简单的例子开始。K 臂机是一种假想的具有 K 个手柄的机器。可做的动作是选择并拉下其中的一个手柄，而由此所赢取的一定量的金币就是和这个手柄（动作）相关联的奖励。任务是决定拉下哪个手柄，以便得到最大奖励。这是一个分类问题，即选择 K 个手柄中的一个。如果是监督学习，老师会告诉正确的答案，即产生最大收益的学习的问题。而在强化学习中，只能尝试不同的手柄并记录其中最好的。这是一个简化的强化学习问题，因为只有一个状态，即只需要确定所执行的动作。另一个称其为简化问题的原因是在一个动作之后立即得到一个奖励。奖励并没有被延迟，因此在动作之后可以立即看到其价值。

关于 K 臂机问题可以有两种思路。第一种思路是每次都选择拉过的手柄中金币最多的那个，这种策略可以保守地获得相对较多的金币，但很可能错过那些还没有被拉过的手柄中金币更多的。第二种思路是把每一个手柄都拉一次，这样做的弊端在于使用了较多的机会去拉那些金币少的手柄。第一种思路称为"利用"，第二种思路称为"探索"。

想要使累计奖励最大，就要在探索和利用之间做出平衡和选择。贪心算法基于一个概率来对探索（估计手柄的优劣）和利用（选择当前最优手柄）进行折中：每次尝试时，以 $\varepsilon$ 的概率随机选取一个手柄，以 $1-\varepsilon$ 的概率选择当前平均奖励最大的手柄。假设 $Q(k)$ 是手柄 $k$ 的平均奖励，若手柄 $k$ 被尝试了 $n$ 次，得到的奖励为 $r_1, r_2, \cdots, r_n$，那么平均奖励为

$$Q(k) = \frac{1}{n} \sum_{i=1}^{n} r_i \qquad (6-3)$$

利用上式计算平均奖励时，需要 $n$ 个奖励的值。显然可以对均值进行增量式计算，在每次尝试完成后更新 $Q(k)$。用下标表示尝试的次数，令初始时 $Q_0(k) = 0$，对于 $n \geqslant 1$，若第 $n\text{-}1$ 次尝试后的平均奖励为 $Q_{n-1}(k)$，则经过第 $n$ 次尝试获得奖励 $r_n$ 后，平均奖励为

$$Q_n(k) = Q_{n-1}(k) + \frac{1}{n} \left( r_n - Q_{n-1}(k) \right) \qquad (6-4)$$

## 6.3　有模型学习和无模型学习

### 6.3.1　有模型学习

学习任务中的 4 个要素 $S$、$A$、$P$、$R$ 都已知，即从状态 $s$ 通过行动 $a$ 转移到 $s'$ 的概率 $P_{s \to s'}^a$ 是已知的，该状态改变所得的奖励 $R_{s \to s'}^a$ 也是已知的，这样的情形称为"有模型学习"。

当模型已知时，对任意策略 $\pi$ 都可以估计出该策略可以带来的期望累计奖励。策略评估是为了检查当前策略是不是最优策略，若不是最优策略，则需要对当前策略进行改进。

此处有两个估计函数，即 $V(s)$ 和 $Q(s,a)$。

$V(s)$ 表示从状态 $s$ 出发，按照某策略所能够得到的累计奖励，称为"状态值函数"；$Q(s,a)$ 表示从状态 $s$ 出发，执行动作 $a$ 之后，再使用当前策略所能够得到的累计奖励，称为"状态—动作值函数"。

由累计奖励的定义，状态值函数为

$$V_\gamma^\pi(s) = E_\pi\left[\sum_{t=0}^{+\infty} \gamma^t r_{t+1} \Big| s_0 = s\right]\gamma \qquad (6-5)$$

状态—动作值函数为

$$Q_\gamma^\pi(s,a) = E_\pi\left[\sum_{t=0}^{+\infty} \gamma^t r_{t+1} \Big| s_0 = s, a_0 = a\right] \qquad (6-6)$$

状态值函数的贝尔曼方程为

$$V_\gamma^\pi(s) = \sum_{a \in A} \pi(s,a) Q_\gamma^\pi(s,a) \qquad (6-7)$$

状态—动作值函数的贝尔曼方程为

$$Q_\gamma^\pi(s,a) = \sum_{s' \in S} P_{s\to s'}^a \left(R_{s\to s'}^a + \gamma V_\gamma^\pi(s')\right) \qquad (6-8)$$

该方法的前提是策略 $\pi$ 从一开始就没有改变（如一直保持随机策略），只是通过不断迭代计算 $V(s)$ 的值，直到 $V(s)$ 收敛才停止迭代。

对策略进行测试或者评估以后，如果并非最优策略，那么如何对其进行改进呢？迭代的求解最优值函数就可以得到最大化的累计奖励。目标是得到最优策略，所以在迭代到 $V$ 值收敛后，可以进行策略改进（策略 $\pi$ 表示在一个状态 $s$ 下，智能体接下来可能会采取的任意一个动作的概率分布）。可以使用贪心算法（在每一步总是做出在当前看来是最好的选择）来进行策略改进，将策略选择的动作改为当前最优动作，即：

$$\pi'(x) = \underset{a \in A}{\text{argmax}}\, Q^\pi(s,a) \qquad (6-9)$$

策略迭代也就是将策略评估和策略改进组合起来使用，即首先进行策略评估，然后进行策略改进，再评估，再改进，直至得到最优策略。

由于策略改进和值函数的改进是一致的，因此可以将策略改进看作值函数的改进。所以，值迭代其实就是以更新值函数的形式对策略进行改进，这也是值迭代的定义。

$$V_\gamma(s) = \max_{a \in A} \sum_{s' \in S} P_{s\to s'}^a \left(R_{s\to s'}^a + \gamma V_\gamma(s')\right) \qquad (6-10)$$

### ⊙ 6.3.2 无模型学习

现实世界当中，很难获得环境的转移概率、奖励函数等，甚至很难知道有多少个状态。在模型未知的情况下无法知道当前状态的所有可能的后续状态，进而无法确定在当前状态下采取哪个动作是最好的。解决这个问题的方法是利用 $Q(s,a)$ 来代替 $V(s)$。这样即使不知道当前状态的所有后续状态，也可以根据已有的动作来选择。

时间差分法是一种无模型学习算法。与基于策略迭代和值迭代的算法相比，蒙特卡洛法需要采样完成一个轨迹之后，才能进行值估计。蒙特卡洛法的效率相对来说比较低，主要原因在于蒙特卡洛法没有充分利用强化学习任务的 MDP 结构。而时间差分法充分利用了蒙特卡洛法和动态规划法的思想，实现了更加高效的无模型学习。

## 6.4 强化学习实例

### ⊙ 6.4.1 Q-Learning 算法

#### 1. Q-Learning 算法思想

Q-Learning 算法是一种基于表格的值函数迭代的强化学习算法。该算法最大的特点就是建立一张 Q 表（Q-Table），Q 表的行和列分别表示 state 和 action 的值，算法迭代时 Q 表不停地被更新，直至表中数据收敛。等到 Q 表收敛后，智能体可以根据每个状态的动作值函数的大小来确定最优策略。Q 表如表 6-2 所示。

表 6-2　Q 表

| Q-Table | $a_1$ | $a_2$ | ... | $a_m$ |
|---|---|---|---|---|
| $s_1$ | $q(s_1, a_1)$ | $q(s_1, a_2)$ | $q(s_1, \cdots)$ | $q(s_1, a_m)$ |
| $s_2$ | $q(s_2, a_1)$ | $q(s_2, a_2)$ | $q(s_2, \cdots)$ | $q(s_2, a_m)$ |
| ... | $q(\cdots, a_1)$ | $q(\cdots, a_2)$ | ... | $q(\cdots, a_m)$ |
| $s_n$ | $q(s_n, a_1)$ | $q(s_n, a_2)$ | $q(s_n, \cdots)$ | $q(s_n, a_m)$ |

Q-Learning 算法思想如图 6-6 所示，先基于当前状态 $S$，使用贪心算法按一定概率选择动作 $A$，然后得到奖励 $R$，并更新进入新状态 $S'$，基于状态 $S'$，直接使用贪心算法从所有动作中选择最优的 $A'$。

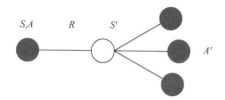

图 6-6　Q-Learning 算法思想

## 2. Q-Learning 算法流程

Q-Learning 算法流程如图 6-7 所示。

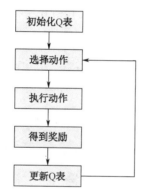

图 6-7　Q-Learning 算法流程

## 3. Q-Learning 算法引入

如图 6-8 所示，假设有一个没有任何智慧的机器人，想让机器人帮忙取楼上的手机，此时机器人需要爬上楼梯才能够取到手机。但是，机器人在最初的时候没有任何经验，在楼梯上不知道应该往上走还是往下走才能够取到手机，如果这个时候有一份行动指南，告诉机器人应该往上走还是往下走才能够取到手机，那么就能轻而易举地让它取到手机。所以，现在需要解决的问题是如何让机器人拿到这份行动指南，采用的办法是让机器人进行"自学习"，即让它不断地去尝试，在不断的试错过程中得到经验，机器人学习到经验之后，就能够按照经验的指引选择最正确的行动。将机器人学到的经验分为"正经验"

和"负经验"。假设机器人当前处于图 6-8 所示的第 5 层，此时它有两种选择——向上走或者向下走。显然，向上走就能够立即取到手机，把这样的选择视为"正经验"；向下走就离手机越来越远，把这样的选择视为"负经验"。可以将这种学得的经验保存到一个"行动指南表"中，对于正经验就在表中给一个较大的奖励值，负经验就给一个较小的奖励值，然后不断地对机器人的初始位置进行随机选取。在每个位置，机器人都可以随机选择向上走或者向下走，每走出一步后又随机选择下一步的行动，然后更新当前的奖励值，通过让机器人不断地学习经验，最终获得一份完整的行动指南。在这份指南中，就能够根据每一步的经验得到机器人成功取到手机的最终路径。这就是 Q-Learning 算法的基本思想，在 Q-Learning 算法中把这个行动指南称为 Q 表，下面对 Q-Learning 算法思想进行详细的阐述。

把机器人放到楼梯上，让它从第 0 层走到第 6 层（top 层）取手机，top 层就是目标楼层。为了把 top 层设成目标楼层，给每层都分配一个奖励值。能够到达 top 层的奖励值为 1，没有到达 top 层的奖励值为 0。在每一楼层的动作都是双向的，可以上楼或者下楼，如图 6-8 所示。

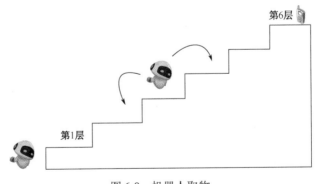

第6层

第1层

图 6-8　机器人取物

在算法初始阶段，可以创建一个 Q 表，如图 6-9 所示，将其初始化为零矩阵，表示在状态 $s$ 下采取动作 $a$ 能获得的期望最大收益。

$$
Q = \begin{array}{c} \\ 0 \\ 1 \\ 2 \\ 3 \\ 4 \\ 5 \\ 6 \end{array}
\begin{array}{cc} \text{DOWN} & \text{UP} \\ 0 & 1 \\ \left[\begin{array}{cc} 0 & 0 \\ 0 & 0 \\ 0 & 0 \\ 0 & 0 \\ 0 & 0 \\ 0 & 0 \\ 0 & 0 \end{array}\right] \end{array}
$$

图 6-9　初始 Q 表

在时间 $t$，环境的状态为 $s$，机器人选择一个动作 $a$，并且获得奖励 $R$，环境因为机器人的行为导致状态改变为新的状态 $s'$，此时便可根据以下公式更新 $Q$ 值：

$$
Q(s,a) = Q(s,a) + \alpha \Big[ R + \gamma \cdot \max\{Q(s',a')\} - Q(s,a) \Big] \tag{6-11}
$$

式中，$R$ 代表从状态 $s$ 到状态 $s'$ 所得到的奖励，$\alpha$ 为学习率（$0 < \alpha \leqslant 1$）。$\gamma$ 为衰减系数（$0 \leqslant \gamma < 1$），$\gamma$ 值越大，则机器人越重视未来获得的长期奖励；$\gamma$ 值越小，则机器人越在乎目前可获得的奖励。

Q-Learning 算法如表 6-3 所示。迭代 $n$ 轮之后，根据 Q-Learning 算法更新 Q 表，机器人就可以通过学习到的知识来选择最佳路径取到手机。

表 6-3　Q-Learning 算法

**Step 1** 给定参数 $\gamma$、$R$

**Step 2** 使 $Q=0$

**Step 3 For each step of episode:**

　**3.1** 选择一个初始状态 $s$

　**3.2** 若没有达到目标状态，则执行以下步骤

　　**(1)**在当前状态 $s$ 的所有可能动作中选择一个动作 $a$

　　**(2)**利用所选择的动作 $a$ 得到下一个状态 $s'$

　　**(3)**对 $Q(s,a)$ 按照式（**6-11**）进行更新

　　**(4)** $s = s'$

如图 6-10 所示，选择机器人在第 0 层，机器人在任何一层既可以选择上楼，也可以选择下楼。

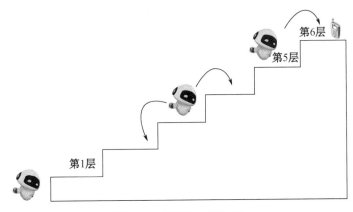

图 6-10　机器人在第 0 层

机器人最开始并没有学习到任何知识，由于最开始 Q 表被初始化为零矩阵，机器人上楼或者下楼的动作是随机的，当机器人到达第 5 层的时候，机器人选择上楼，获得第 5 层上楼的奖励，假设 $\alpha = 0.2$，$\gamma = 0.9$，根据式（6-11），计算过程如下：

$$Q(5,1) = Q(5,1) + 0.2 \cdot \left[1 + 0.9 \cdot \max\{Q(6,0), Q(6,1)\} - Q(5,1)\right]$$
$$= 0 + 0.2 \cdot [0 + 0.9 \cdot 0 - 0]$$
$$= 0.2$$

获得奖励后，一次 episode 结束，此时 Q 表更新为如图 6-11 所示的状态。

$$Q = \begin{bmatrix} 0 & 0 \\ 0 & 0 \\ 0 & 0 \\ 0 & 0 \\ 0 & 0 \\ 0 & 0.2 \\ 0 & 0 \end{bmatrix}$$

图 6-11　一次 episode 结束后的 Q 表

经过第一轮学习之后，机器人获取的知识比较少。此时，让机器人重新回到第 0 层继续学习，如图 6-12 所示。由于 Q 表中前几层的行为奖励值依然为 0，所以在第二轮的行为中，前几层机器人的动作还是随机上楼或者下楼，机器人需要继续学习。

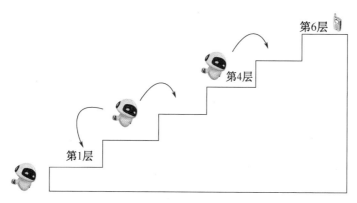

图 6-12　第二轮机器人回到第 0 层

机器人到达第 4 层的时候，因为机器人在第一轮到达第 5 层的时候已经获得一个奖励值，所以机器人此时会选择上楼，根据式（6-11），计算过程如下：

$$Q(4,1) = Q(4,1) + 0.2 \cdot \left[ 0 + 0.9 \cdot \max\{Q(5,0), Q(5,1)\} - Q(4,1) \right]$$
$$= 0 + 0.2 \cdot \left[ 0 + 0.9 \cdot 0.2 - 0 \right]$$
$$= 0.036$$

更新后的 Q 表如图 6-13 所示。

$$Q = \begin{bmatrix} 0 & 0 \\ 0 & 0 \\ 0 & 0 \\ 0 & 0 \\ 0 & 0.036 \\ 0 & 0.2 \\ 0 & 0 \end{bmatrix}$$

图 6-13　机器人在第 4 层选择上楼后的 Q 表

如图 6-14 所示，机器人到达第 5 层后，根据在第 5 层学习到的知识选择继续上楼，到达第 6 层，获得第 5 层的奖励。

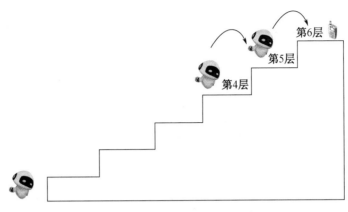

图 6-14　机器人在第 5 层的状态

根据式（6-11），计算过程如下：

$$Q(5,1) = Q(5,1) + 0.2 \cdot \left[1 + 0.9 \cdot \max\{Q(6,0), Q(6,1)\} - Q(5,1)\right]$$
$$= 0.2 + 0.2 \cdot \left[1 + 0.9 \cdot 0 - 0.2\right]$$
$$= 0.36$$

更新后的 Q 表如图 6-15 所示。

$$Q = \begin{bmatrix} 0 & 0 \\ 0 & 0 \\ 0 & 0 \\ 0 & 0 \\ 0 & 0.036 \\ 0 & 0.36 \\ 0 & 0 \end{bmatrix}$$

图 6-15　两次 episode 结束后的 Q 表

此时，第二轮学习结束，机器人获得了第 4 层和第 5 层爬楼的知识，那么在后续爬楼的过程中，它将做出更明智的选择。经过多次迭代计算，最后的 Q 表如图 6-16 所示。

$$Q = \begin{bmatrix} 0.00043 & 0.00376 \\ 0.00003 & 0.02151 \\ 0.00037 & 0.08811 \\ 0.09267 & 0.26098 \\ 0.11476 & 0.56177 \\ 0.52402 & 0.89262 \\ 0.00000 & 0.00000 \end{bmatrix}$$

图 6-16　多次 episode 结束后的 Q 表

经过多次计算，机器人就学习到了从第 0 层爬到第 6 层的知识，它不会再在某一楼层随机选择上楼或者下楼，而是根据最后的 Q 表一直选择上楼，直至到达第 6 层取到手机。

### 4. Q-Learning 算法举例

下面利用一个相对复杂的例子来说明 Q-Learning 算法。假设一个机器人在一个 4×4 的迷宫中寻找手机，迷宫有 16 个房间，如图 6-17 所示，将这 16 个房间按 0～15 进行编号。

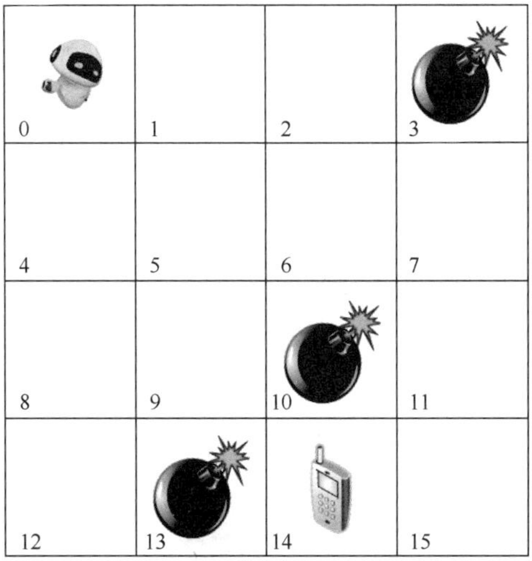

图 6-17　迷宫房间

把机器人放到任意一个房间中，让它自由走动寻找手机，那么 14 号房间就是目标房间。机器人在房间里面的动作有 4 个，分别是向上、向下、向左、向右。给每个房间都分配一个奖励值，能够到达 14 号房间取到手机的奖励值为 1，如果遇到炸弹则获得的奖励值为-1，其他情况奖励值设置为 0。

假如机器人在 0 号房间（状态 0）中，那么它可以从 0 号房间走到 1 号房间或者 4 号房间，但是不能从 0 号房间直接走到 14 号房间。假如机器人在 6 号房间（状态 6）中，那么它可以从 6 号房间走到 2 号房间、5 号房间、7 号房间或者 10 号房间，但走到 10 号房间将会遇到炸弹。

在算法初始阶段，可以创建一个 Q 表，如图 6-18 所示，将其初始化为零矩阵，表

示在状态 $s$ 下采取动作 $a$ 能获得的期望最大收益。机器人在房间里面的 4 个动作向上、向右、向下及向左分别设置为 0、1、2 及 3。

$$
\begin{array}{cccc}
 & \text{UP} & \text{RIGHT} & \text{DOWN} & \text{LEFT} \\
 & 0 & 1 & 2 & 3 \\
Q=0 & \begin{bmatrix} 0 & 0 & 0 & 0 \end{bmatrix}
\end{array}
$$

图 6-18　初始 Q 表

如图 6-19 所示，选择机器人在 0 号房间中。机器人最开始并没有学习到任何知识，由于最开始 Q 表被初始化为零矩阵，机器人向右或者向下的动作是随机的，假定机器人选择向下的动作，如图 6-19 所示。

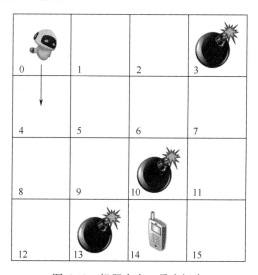

图 6-19　机器人在 0 号房间中

当机器人到达 4 号房间的时候，获得进入 4 号房间的奖励，假设 $\alpha=0.2$，$\gamma=0.9$，根据式（6-11），计算过程如下：

$$
\begin{aligned}
Q(0,2) &= Q(0,2) + 0.2 \cdot \left[0 + 0.9 \cdot \max\left\{Q(4,0), Q(4,1), Q(4,2), Q(4,3)\right\} - Q(0,2)\right] \\
&= 0 + 0.2 \cdot \left[0 + 0.9 \cdot 0 - 0\right] \\
&= 0
\end{aligned}
$$

获得奖励后，Q 表更新为如图 6-20 所示的状态。

$$Q = \begin{array}{c} 0 \\ 4 \end{array}\begin{matrix} 0 & 1 & 2 & 3 \\ \left[\begin{matrix} 0 & 0 & 0 & 0 \\ 0 & 0 & 0 & 0 \end{matrix}\right] \end{matrix}$$

图 6-20　机器人到达 4 号房间的 Q 表

此时，状态 4 变为当前状态。经过第一次学习之后，机器人获取的知识比较少，由于 Q 表中前几行的行为奖励值依然为 0，所以在第二次的行为中，前几行机器人的动作还是随机的向上、向右、向下及向左，机器人需要继续学习。

机器人到达 4 号房间后，其向右、向上或者向下的动作是随机的，假定机器人选择向右的动作，如图 6-21 所示。

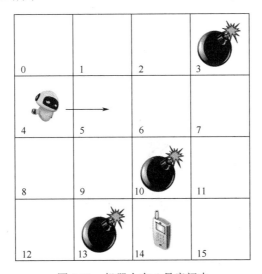

图 6-21　机器人在 4 号房间中

当机器人到达 5 号房间的时候，获得进入 5 号房间的奖励，根据式（6-11），计算过程如下：

$$Q(4,1) = Q(4,1) + 0.2 \cdot \left[0 + 0.9 \cdot \max\{Q(5,0), Q(5,1), Q(5,2), Q(5,3)\} - Q(4,1)\right]$$
$$= 0 + 0.2 \cdot [0 + 0.9 \cdot 0 - 0]$$
$$= 0$$

更新后的 Q 表如图 6-22 所示。

$$Q = \begin{array}{c c} & \begin{array}{cccc} 0 & \quad 1 & \quad 2 & \quad 3 \end{array} \\ \begin{array}{c} 0 \\ 4 \\ 5 \end{array} & \left[\begin{array}{cccc} 0 & 0 & 0 & 0 \\ 0 & 0 & 0 & 0 \\ 0 & 0 & 0 & 0 \end{array}\right] \end{array}$$

图 6-22　机器人到达 5 号房间的 Q 表

机器人到达 5 号房间后，其向左、向右、向上或者向下的动作是随机的，假定机器人选择向右的动作，如图 6-23 所示。

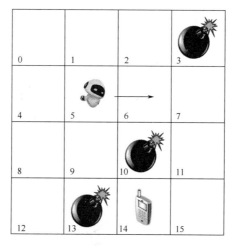

图 6-23　机器人在 5 号房间中

当机器人到达 6 号房间的时候，获得进入 6 号房间的奖励，根据式（6-11），计算过程如下：

$$Q(5,1) = Q(5,1) + 0.2 \cdot \left[ 0 + 0.9 \cdot \max\left\{ Q(6,0), Q(6,1), Q(6,2), Q(6,3) \right\} - Q(5,1) \right]$$
$$= 0 + 0.2 \cdot \left[ 0 + 0.9 \cdot 0 - 0 \right]$$
$$= -0.2$$

更新后的 Q 表如图 6-24 所示。

$$Q = \begin{array}{c c} & \begin{array}{cccc} 0 & \quad 1 & \quad 2 & \quad 3 \end{array} \\ \begin{array}{c} 0 \\ 4 \\ 5 \\ 6 \end{array} & \left[\begin{array}{cccc} 0 & 0 & 0 & 0 \\ 0 & 0 & 0 & 0 \\ 0 & 0 & 0 & 0 \\ 0 & 0 & 0 & 0 \end{array}\right] \end{array}$$

图 6-24　机器人到达 6 号房间的 Q 表

机器人到达 6 号房间后，其向左、向右、向上或者向下的动作是随机的，假定机器人选择向下的动作，如图 6-25 所示。

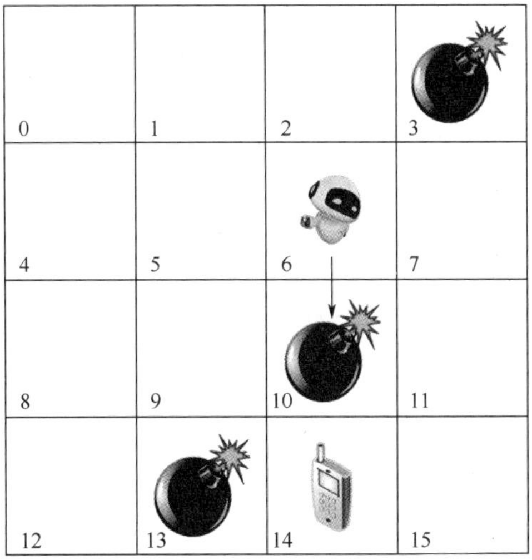

图 6-25　机器人在 6 号房间中

机器人到达 10 号房间，遇到炸弹，获得进入 10 号房间的惩罚，根据式（6-11），计算过程如下：

$$Q(6,2) = Q(6,2) + 0.2 \cdot \left[ -1 + 0.9 \cdot \max\left\{ Q(10,0), Q(10,1), Q(10,2), Q(10,3) \right\} - Q(6,2) \right]$$
$$= 0 + 0.2 \cdot \left[ -1 + 0.9 \cdot 0 - 0 \right]$$
$$= 0$$

此时机器人动作结束，更新后的 Q 表如图 6-26 所示。

$$Q = \begin{array}{c} \\ 0 \\ 4 \\ 5 \\ 6 \\ 10 \end{array} \begin{array}{cccc} 0 & 1 & 2 & 3 \\ \left[ \begin{array}{cccc} 0 & 0 & 0 & 0 \\ 0 & 0 & 0 & 0 \\ 0 & 0 & 0 & 0 \\ 0 & 0 & 0 & 0 \\ 0 & 0 & -0.2 & 0 \end{array} \right] \end{array}$$

图 6-26　机器人到达 10 号房间的 Q 表

当机器人到达 6 号房间后，假定机器人选择向右的动作，如图 6-27 所示。

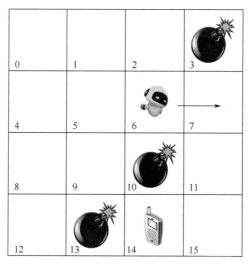

图 6-27　机器人在 6 号房间中

当机器人到达 7 号房间的时候，获得进入 7 号房间的奖励，根据式（6-11），计算过程如下：

$$Q(6,1) = Q(6,1) + 0.2 \cdot \left[0 + 0.9 \cdot \max\{Q(7,0), Q(7,1), Q(7,2), Q(7,3)\} - Q(6,1)\right]$$
$$= 0 + 0.2 \cdot [0 + 0.9 \cdot 0 - 0]$$
$$= 0$$

更新后的 Q 表如图 6-28 所示。

$$Q = \begin{array}{c c} & \begin{array}{cccc} 0 & \quad 1 & \quad 2 & \quad 3 \end{array} \\ \begin{array}{c} 0 \\ 4 \\ 5 \\ 6 \\ 7 \end{array} & \left[\begin{array}{cccc} 0 & 0 & 0 & 0 \\ 0 & 0 & 0 & 0 \\ 0 & 0 & 0 & 0 \\ 0 & 0 & 0 & 0 \\ 0 & 0 & 0 & 0 \end{array}\right] \end{array}$$

图 6-28　机器人到达 7 号房间的 Q 表

机器人到达 7 号房间后，其向左、向右、向上或者向下的动作是随机的，假定机器人选择向下的动作，如图 6-29 所示。

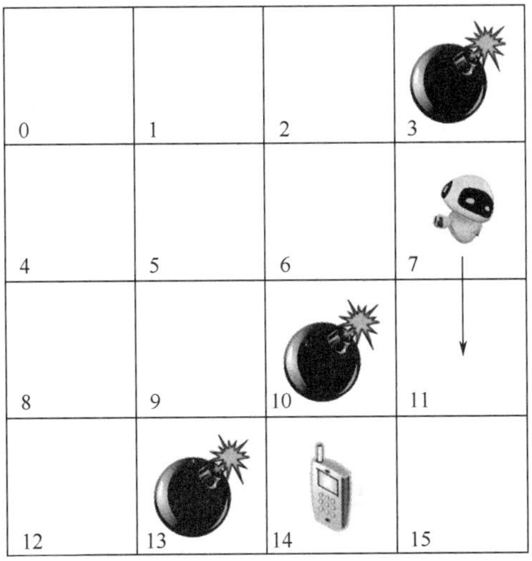

图 6-29　机器人在 7 号房间中

当机器人到达 11 号房间的时候，获得进入 11 号房间的奖励，根据式（6-11），计算过程如下：

$$Q(7,2) = Q(7,2) + 0.2 \cdot \left[ 0 + 0.9 \cdot \max\left\{ Q(11,0), Q(11,2), Q(11,3) \right\} - Q(7,2) \right]$$
$$= 0 + 0.2 \cdot \left[ 0 + 0.9 \cdot 0 - 0 \right]$$
$$= 0$$

更新后的 Q 表如图 6-30 所示。

$$Q = \begin{array}{c} \\ 0 \\ 4 \\ 5 \\ 6 \\ 7 \\ 11 \end{array} \begin{array}{cccc} 0 & 1 & 2 & 3 \\ \left[ \begin{array}{cccc} 0 & 0 & 0 & 0 \\ 0 & 0 & 0 & 0 \\ 0 & 0 & 0 & 0 \\ 0 & 0 & 0 & 0 \\ 0 & 0 & 0 & 0 \\ 0 & 0 & 0 & 0 \end{array} \right] \end{array}$$

图 6-30　机器人到达 11 号房间的 Q 表

机器人到达 11 号房间后，其向左、向上或者向下的动作是随机的，假定机器人选择向下的动作，如图 6-31 所示。

图 6-31　机器人在 11 号房间中

当机器人到达 15 号房间的时候，获得进入 15 号房间的奖励，根据式（6-11）有：

$$Q(11,2)=Q(11,2)+0.2\cdot\left[0+0.9\cdot\max\left\{Q(15,0),Q(15,3)\right\}-Q(11,2)\right]$$
$$=0+0.2\cdot\left[0+0.9\cdot0-0\right]$$
$$=0$$

更新后的 Q 表如图 6-32 所示。

$$Q=\begin{array}{c} \\ 0 \\ 4 \\ 5 \\ 6 \\ 7 \\ 11 \\ 15 \end{array}\begin{array}{cccc} 0 & 1 & 2 & 3 \\ \left[\begin{array}{cccc} 0 & 0 & 0 & 0 \\ 0 & 0 & 0 & 0 \\ 0 & 0 & 0 & 0 \\ 0 & 0 & 0 & 0 \\ 0 & 0 & 0 & 0 \\ 0 & 0 & 0 & 0 \\ 0 & 0 & 0 & 0 \end{array}\right] \end{array}$$

图 6-32　机器人到达 15 号房间的 Q 表

机器人到达 15 号房间后，其向左或者向上的动作是随机的，假定机器人选择向左的动作，如图 6-33 所示。

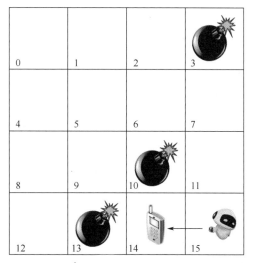

图 6-33  机器人在 15 号房间中

当机器人到达 14 号房间的时候，获得进入 14 号房间的奖励，根据式（6-11），计算过程如下：

$$Q(15,3) = Q(15,3) + 0.2 \cdot \left[ 1 + 0.9 \cdot \max\{Q(14,0), Q(14,3)\} - Q(15,3) \right]$$
$$= 0 + 0.2 \cdot [1 + 0.9 \cdot 0 - 0]$$
$$= 0.2$$

更新后的 Q 表如图 6-34 所示。

$$Q = \begin{matrix} & 0 & 1 & 2 & 3 \\ 0 & 0 & 0 & 0 & 0 \\ 4 & 0 & 0 & 0 & 0 \\ 5 & 0 & 0 & 0 & 0 \\ 6 & 0 & 0 & 0 & 0 \\ 7 & 0 & 0 & 0 & 0 \\ 11 & 0 & 0 & 0 & 0 \\ 15 & 0 & 0 & 0.2 & 0 \\ 14 & 0 & 0 & 0 & 0 \end{matrix}$$

图 6-34  机器人到达 14 号房间的 Q 表

经过多次迭代计算，最后的 Q 表如图 6-35 所示。

$$Q = \begin{array}{c} \\ 0 \\ 4 \\ 1 \\ 8 \\ 9 \\ 5 \\ 10 \\ 2 \\ 3 \\ 6 \\ 7 \\ 12 \\ 13 \\ 11 \\ 15 \\ 14 \end{array} \begin{array}{cccc} 0 & 1 & 2 & 3 \\ \left[\begin{array}{cccc} 0.0000 & 0.5311 & 0.0340 & 0.0000 \\ 0.0433 & 0.2193 & 0.0000 & 0.0000 \\ 0.0000 & 0.1297 & 0.5903 & 0.2555 \\ 0.0255 & 0.0000 & 0.0000 & 0.0000 \\ 0.0000 & -0.4880 & -0.5904 & 0.0000 \\ 0.1071 & 0.6560 & 0.0000 & 0.0244 \\ 0.0000 & 0.0000 & 0.0000 & 0.0000 \\ 0.0000 & -0.2000 & 0.0000 & 0.3677 \\ 0.0000 & 0.0000 & 0.0000 & 0.0000 \\ 0.0239 & 0.7289 & -0.4880 & 0.0920 \\ -0.4880 & 0.0000 & 0.8099 & 0.0663 \\ 0.0000 & -0.3600 & 0.0000 & 0.0000 \\ 0.0000 & 0.0000 & 0.0000 & 0.0000 \\ 0.1449 & 0.0000 & 0.9000 & -0.4880 \\ 0.6741 & 0.0000 & 0.0000 & 1.0000 \\ 0.0000 & 0.0000 & 0.0000 & 0.0000 \end{array}\right] \end{array}$$

图 6-35　多次迭代计算后的 Q 表

当矩阵 $Q$ 接近收敛状态时，机器人就学习到了到达目标房间的最佳路径。例如，初始状态为状态 0，利用矩阵 $Q$，可得到最佳路径为 0-1-5-6-7-11-15-14。

## ⊙ 6.4.2　Sarsa 算法

### 1. Sarsa 算法思想

Sarsa 算法的思想和 Q-Learning 算法类似。如图 6-36 所示，先基于当前状态 $S$，利用贪心算法按一定概率选择动作 $A$，然后得到奖励 $R$，并更新进入新状态 $S'$，再基于状态 $S'$，利用贪心算法选择 $A'$（即在线选择，仍然使用同样的贪心算法）。该算法与 Q-Learning 算法最大的不同就是在计算 $Q(s',a')$ 时，Q-Learning 算法选择预估的下一步所有动作的最大 $Q$ 值作为 $Q(s',a')$ 的值，而在下一步真正行动时，不一定选择当前最大 $Q$ 值步；而 Sarsa 算法在计算 $Q(s',a')$ 时，将下一步实际将要采取的动作的 $Q$ 值作为 $Q(s',a')$ 的值。

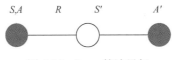

图 6-36　Sarsa 算法思想

Sarsa 算法的转换公式为

$$Q(s,a) = Q(s,a) + \alpha \left[ R + \gamma \cdot Q(s',a') - Q(s,a) \right] \tag{6.12}$$

## 2. Sarsa 算法流程

表 6-4 给出了 Sarsa 算法流程。

表 6-4　Sarsa 算法流程

**Step 1** 给定参数 $\gamma$、$R$

**Step 2** 使 $Q=0$

**Step 3 For each step of episode:**

　**3.1** 选择一个初始状态 $s$

　**3.2** 若没有达到目标状态，则执行以下步骤

　　**(1)** 在当前状态 $s$ 的所有可能动作中选择一个动作 $a$

　　**(2)** 利用所选择的动作 $a$ 得到下一个状态 $s'$

　　**(3)** 对 $Q(s,a)$ 按照式（**6-12**）进行更新

　　**(4)** $s = s'$

仍然使用机器人在迷宫中寻找手机的案例对 Sarsa 算法进行阐述。如图 6-37 所示，机器人最开始处于 0 号房间内，而手机处于 14 号房间内，机器人需要在迷宫中寻找合适的路径到达 14 号房间取得手机。在每个房间内，机器人都可以选择上、下、左、右四个方向行进，但在寻路过程中要避免进入有炸弹的 10、12、13 号房间，否则会直接结束当前寻路过程。因为机器人的最终目标是到达 14 号房间取到手机，所以在寻路过程中能够到达 14 号房间就给予奖励值 1，到达放置有炸弹的 10、12、13 号房间就给予奖励值 -1，对于其他房间就给予奖励值 0。

机器人最开始处在 0 号房间中，初始 Q 表如图 6-38 所示，表中横向数字分别对应机器人可以采取的行动方向，即 0—向上，1—向右，2—向下，3—向左；纵向数字表示机器人当前所在的房间号；表中的值表示当前状态采取对应行动的最大收益值。

机器人最开始并没有学习到任何知识，由于最开始 Q 表被初始化为零矩阵，机器人向右或者向下的动作是随机的，假定机器人选择向右的动作，如图 6-39 所示。

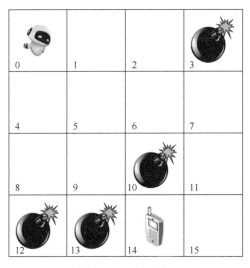

图 6-37　迷宫房间

UP RIGHT　DOWN　LEFT

$$Q = 0 \begin{array}{cccc} 0 & 1 & 2 & 3 \\ \left[\begin{array}{cccc} 0 & 0 & 0 & 0 \end{array}\right] \end{array}$$

图 6-38　初始 Q 表

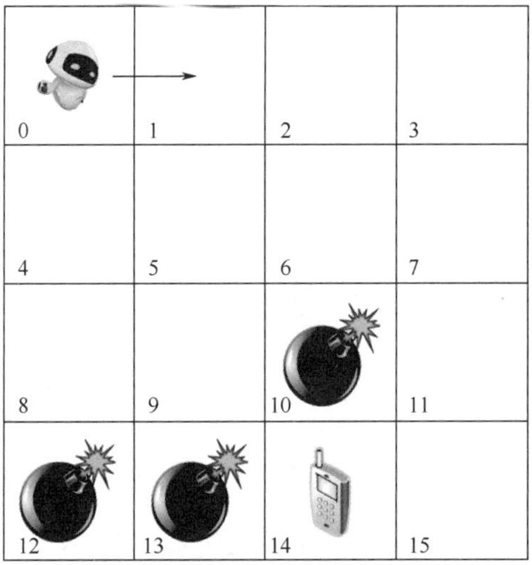

图 6-39　机器人在 0 号房间中

当机器人到达 1 号房间的时候，获得进入 1 号房间的奖励，假设 $\alpha = 0.2$，$\gamma = 0.9$，根据式（6-12），计算过程如下：

$$Q(0,1) = Q(0,1) + 0.2 \cdot \left[0 + 0.9 \cdot Q(1,2) - Q(0,1)\right]$$
$$= 0 + 0.2 \cdot \left[0 + 0.9 \cdot 0 - 0\right]$$
$$= 0$$

获得奖励后，Q 表更新为如图 6-40 所示的状态。

$$Q = \begin{array}{c} \\ 0 \\ 1 \end{array} \begin{array}{cccc} 0 & 1 & 2 & 3 \\ \left[\begin{array}{cccc} 0 & 0 & 0 & 0 \\ 0 & 0 & 0 & 0 \end{array}\right] \end{array}$$

图 6-40　机器人到达 1 号房间的 Q 表

机器人到达 1 号房间后，仍然可以随机选择下一步的行动方向，假定机器人此时选择向下移动，如图 6-41 所示。

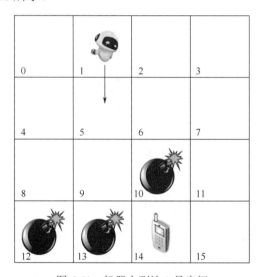

图 6-41　机器人到达 1 号房间

当机器人到达 5 号房间的时候，获得进入 5 号房间的奖励，假设 $\alpha = 0.2$，$\gamma = 0.9$，根据式（6-12），计算过程如下：

$$Q(1,2) = Q(1,2) + 0.2 \cdot \left[0 + 0.9 \cdot Q(5,1) - Q(1,2)\right]$$
$$= 0 + 0.2 \cdot \left[0 + 0.9 \cdot 0 - 0\right]$$
$$= 0$$

获得奖励后，对 Q 表再次进行更新，可得到如图 6-42 所示的新表。

$$Q = \begin{array}{c} \\ 0 \\ 1 \\ 5 \end{array} \begin{array}{cccc} 0 & 1 & 2 & 3 \\ \begin{bmatrix} 0 & 0 & 0 & 0 \\ 0 & 0 & 0 & 0 \\ 0 & 0 & 0 & 0 \end{bmatrix} \end{array}$$

图 6-42　机器人到达 5 号房间的 Q 表

机器人到达 5 号房间后，仍然可以随机选择下一步的行动方向，假设机器人下一步向右移动，如图 6-43 所示。

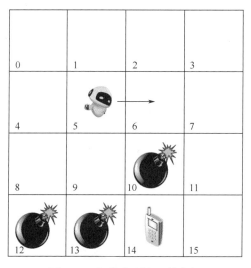

图 6-43　机器人到达 5 号房间

当机器人到达 6 号房间的时候，获得进入 6 号房间的奖励，假设 $\alpha = 0.2$，$\gamma = 0.9$，根据式（6-12），计算过程如下：

$$Q(5,1) = Q(5,1) + 0.2 \cdot \left[ 0 + 0.9 \cdot Q(6,1) - Q(5,1) \right]$$
$$= 0 + 0.2 \cdot \left[ 0 + 0.9 \cdot 0 - 0 \right]$$
$$= 0$$

获得奖励后，对 Q 表再次进行更新，可得到如图 6-44 所示的新表。

$$Q = \begin{array}{c} \\ 0 \\ 1 \\ 5 \\ 6 \end{array} \begin{array}{cccc} 0 & 1 & 2 & 3 \\ \left[\begin{array}{cccc} 0 & 0 & 0 & 0 \\ 0 & 0 & 0 & 0 \\ 0 & 0 & 0 & 0 \\ 0 & 0 & 0 & 0 \end{array}\right] \end{array}$$

图 6-44　机器人到达 6 号房间的 Q 表

机器人到达 6 号房间后，仍然可以随机选择下一步的行动方向，假设机器人下一步向下移动，如图 6-45 所示。

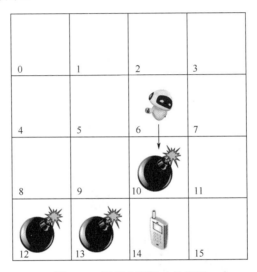

图 6-45　机器人到达 6 号房间

当机器人到达 10 号房间的时候，获得进入 10 号房间的奖励，假设 $\alpha = 0.2$，$\gamma = 0.9$，根据式（6-12），计算过程如下：

$$Q(6,1) = Q(6,1) + 0.2 \cdot \left[ -1 + 0.9 \cdot Q(10,2) - Q(6,1) \right]$$

$$= 0 + 0.2 \cdot \left[ -1 + 0.9 \cdot 0 - 0 \right]$$

$$= -0.2$$

获得奖励后，对 Q 表再次进行更新，可得到如图 6-46 所示的新表。

$$Q = \begin{array}{c} \\ 0 \\ 1 \\ 5 \\ 6 \end{array} \begin{array}{cccc} 0 & 1 & 2 & 3 \\ \left[\begin{array}{cccc} 0 & 0 & 0 & 0 \\ 0 & 0 & 0 & 0 \\ 0 & 0 & 0 & 0 \\ 0 & 0 & -0.2 & 0 \end{array}\right] \end{array}$$

图 6-46　机器人到达 10 号房间的 Q 表

机器人到达 10 号房间后遇上炸弹，当前路径终止。

如果在机器人到达 6 号房间时，假设机器人下一步向右移动，即可避开有炸弹的房间，继续进行路径寻找，如图 6-47 所示。

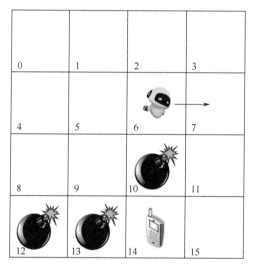

图 6-47　机器人到达 6 号房间

当机器人到达 7 号房间的时候，获得进入 7 号房间的奖励，假设 $\alpha = 0.2$，$\gamma = 0.9$，根据式（6-12），计算过程如下：

$$Q(6,1) = Q(6,1) + 0.2 \cdot \left[0 + 0.9 \cdot Q(7,2) - Q(6,1)\right]$$
$$= 0 + 0.2 \cdot \left[0 + 0.9 \cdot 0 - 0\right]$$
$$= 0$$

获得奖励后，对 Q 表再次进行更新，可得到如图 6-48 所示的新表。

$$Q = \begin{array}{c} \\ 0 \\ 1 \\ 5 \\ 6 \\ 7 \end{array} \begin{array}{cccc} 0 & 1 & 2 & 3 \\ \left[\begin{array}{cccc} 0 & 0 & 0 & 0 \\ 0 & 0 & 0 & 0 \\ 0 & 0 & 0 & 0 \\ 0 & 0 & 0 & 0 \\ 0 & 0 & 0 & 0 \end{array}\right] \end{array}$$

图 6-48　机器人到达 7 号房间的 Q 表

机器人到达 7 号房间后，仍然可以随机选择下一步的行动方向，假设机器人下一步向下移动，如图 6-49 所示。

图 6-49　机器人到达 7 号房间

当机器人到达 11 号房间的时候，获得进入 11 号房间的奖励，假设 $\alpha = 0.2$，$\gamma = 0.9$，根据式（6-12），计算过程如下：

$$Q(7,2) = Q(7,2) + 0.2 \cdot \left[0 + 0.9 \cdot Q(11,2) - Q(7,2)\right]$$
$$= 0 + 0.2 \cdot \left[0 + 0.9 \cdot 0 - 0\right]$$
$$= 0$$

获得奖励后，对 Q 表再次进行更新，可得到如图 6-50 所示的新表。

$$Q = \begin{array}{c} \\ 0 \\ 1 \\ 5 \\ 6 \\ 7 \\ 11 \end{array} \begin{array}{cccc} 0 & 1 & 2 & 3 \\ \left[\begin{array}{cccc} 0 & 0 & 0 & 0 \\ 0 & 0 & 0 & 0 \\ 0 & 0 & 0 & 0 \\ 0 & 0 & 0 & 0 \\ 0 & 0 & 0 & 0 \\ 0 & 0 & 0 & 0 \end{array}\right] \end{array}$$

图 6-50    机器人到达 11 号房间的 Q 表

机器人到达 11 号房间后，仍然可以随机选择下一步的行动方向，假设机器人下一步向下移动，如图 6-51 所示。

图 6-51    机器人到达 11 号房间

当机器人到达 15 号房间的时候，获得进入 15 号房间的奖励，假设 $\alpha = 0.2$，$\gamma = 0.9$，根据式（6-12），计算过程如下：

$$Q(11,2) = Q(11,2) + 0.2 \cdot \left[0 + 0.9 \cdot Q(15,3) - Q(11,2)\right]$$
$$= 0 + 0.2 \cdot \left[0 + 0.9 \cdot 0 - 0\right]$$
$$= 0$$

获得奖励后，对 Q 表再次进行更新，可得到如图 6-52 所示的新表。

$$Q = \begin{array}{c} \\ 0 \\ 1 \\ 5 \\ 6 \\ 7 \\ 11 \\ 15 \end{array} \begin{array}{cccc} 0 & 1 & 2 & 3 \\ \left[\begin{array}{cccc} 0 & 0 & 0 & 0 \\ 0 & 0 & 0 & 0 \\ 0 & 0 & 0 & 0 \\ 0 & 0 & 0 & 0 \\ 0 & 0 & 0 & 0 \\ 0 & 0 & 0 & 0 \\ 0 & 0 & 0 & 0 \end{array}\right] \end{array}$$

图 6-52　机器人到达 15 号房间的 Q 表

机器人到达 15 号房间后，仍然可以随机选择下一步的行动方向，假设机器人下一步向左移动，如图 6-53 所示。

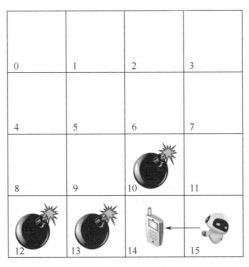

图 6-53　机器人到达 15 号房间

当机器人到达 14 号房间的时候，获得进入 14 号房间的奖励，假设 $\alpha = 0.2$，$\gamma = 0.9$，根据式（6-12），计算过程如下：

$$Q(15,3) = Q(15,3) + 0.2 \cdot \left[1 + 0.9 \cdot Q(14,3) - Q(15,3)\right]$$
$$= 0 + 0.2 \cdot \left[1 + 0.9 \cdot 0 - 0\right]$$
$$= 0.2$$

获得奖励后，对 Q 表再次进行更新，可得到如图 6-54 所示的新表。

$$Q = \begin{array}{c} \\ 0 \\ 1 \\ 5 \\ 6 \\ 7 \\ 11 \\ 15 \end{array} \begin{array}{cccc} 0 & 1 & 2 & 3 \\ \left[\begin{array}{cccc} 0 & 0 & 0 & 0 \\ 0 & 0 & 0 & 0 \\ 0 & 0 & 0 & 0 \\ 0 & 0 & 0 & 0 \\ 0 & 0 & 0 & 0 \\ 0 & 0 & 0 & 0 \\ 0 & 0 & 0 & 0.2 \end{array}\right] \end{array}$$

图 6-54　机器人到达 14 号房间的 Q 表

此时，机器人已经到达 14 号房间，取得了手机，当前路径结束。

以上过程为一次路径探索的过程，在经过多次相同的迭代后，最终 Q 表会收敛，如图 6-55 所示。

$$Q = \begin{array}{c} \\ 0 \\ 1 \\ 4 \\ 8 \\ 12 \\ 2 \\ 3 \\ 7 \\ 11 \\ 6 \\ 5 \\ 10 \\ 9 \\ 13 \\ 15 \\ 14 \end{array} \begin{array}{cccc} 0 & 1 & 2 & 3 \\ \left[\begin{array}{cccc} 0.000000 & 0.016577 & -0.005184 & 0.000000 \\ 0.000000 & -0.006011 & 0.056203 & -0.001166 \\ 0.000030 & -0.000000 & -0.028800 & 0.000000 \\ 0.000000 & -0.064800 & -0.360000 & 0.000000 \\ 0.000000 & -0.000000 & 0.000000 & 0.000000 \\ 0.000000 & 0.000000 & -0.019797 & 0.000105 \\ 0.000000 & 0.000000 & 0.001166 & 0.000000 \\ 0.000000 & 0.000000 & 0.492064 & 0.000000 \\ 0.023688 & 0.000000 & 0.702190 & 0.000000 \\ 0.000000 & 0.301655 & -0.360000 & 0.000000 \\ 0.000000 & 0.147172 & 0.000000 & 0.000000 \\ 0.000000 & 0.000000 & 0.000000 & 0.000000 \\ 0.000000 & -0.360000 & -0.360000 & -0.006480 \\ 0.000000 & 0.000000 & 0.000000 & 0.000000 \\ 0.168083 & 0.000000 & 0.000000 & 0.977482 \\ 0.000000 & 0.000000 & 0.000000 & 0.000000 \end{array}\right] \end{array}$$

图 6-55　迭代完成后的 Q 表

根据 Q 表，很容易看出机器人取得手机的路径为 0-1-5-6-7- 11-15-14。

# 本章小结

本章主要内容包括强化学习的定义、强化学习的发展历程及强化学习的分类，其中重点是强化学习的分类和典型算法，以及强化学习与监督学习和非监督学习的区别。通过本章的学习，读者可以了解强化学习的概念和发展过程，以及常见强化学习算法的名称和特点，为后续课程的学习打下基础。

# 习　题

## 一、填空题

1. 强化学习又称_____、_____、_____或_____，是一种从环境状态到行为映射的学习，是_____的分支之一。

2. 强化学习的灵感来源于心理学中的_____，即智能体在环境给予的奖励或惩罚的刺激下，逐步形成对刺激的预期，产生能获得最大利益的习惯性行为。

3. 强化学习主要由 5 个部分组成，分别是_____、_____、_____、_____和_____。

4. 1953 年，数学家 Richard Bellman 提出_____数学理论和方法，其中的贝尔曼条件是强化学习的基础之一。

5. 1954 年_____首次提出"强化"和"强化学习"的概念。

6. 强化学习可以分为两大类，一类是_____，另一类是_____。

7. 有模型的强化学习有_____，无模型的强化学习有_____和_____。

8. _____是强化学习理论中最核心的内容，也是强化学习领域最重要的成果。

9. _____是一种无模型学习算法。与基于策略迭代和值迭代的算法相比，_____需要采样完成一个轨迹之后，才能进行值估计。

10. _____算法是一种基于表格的值函数迭代的强化学习算法。

## 二、多项选择题

1. 下列属于强化学习组成部分的有（　　　）。

A. 智能体　　　　　　　　　　B. 环境

C. 状态　　　　　　　　　　　D. 行动

2. 下列属于强化学习算法的有（　　）。

    A. 策略迭代算法                B. 值迭代算法

    C. 蒙特卡洛法                D. 时间差分法

3. （　　）是实现决策过程最优化的数学方法。

    A. 动态规划法                B. 蒙特卡洛法

    C. 策略迭代算法              D. 时间差分法

4. 时间差分法可以分为（　　）。

    A. 在线控制                B. 离线控制

    C. 统计模拟法                D. 统计试验法

5. 强化学习的主要特点有（　　）。

    A. 基于评估                B. 交互性

    C. 序列决策过程            D. 单步

6. 下列属于强化学习的应用有（　　）。

    A. AlphaGo                B. 无人驾驶

    C. 机器人控制             D. Flappy Bird

## 三、问答题

1. 简述强化学习的概念及主要组成。

2. 列举强化学习的分类及特点。

3. 列举强化学习常见算法及其特点。

# 反侵权盗版声明

电子工业出版社依法对本作品享有专有出版权。任何未经权利人书面许可，复制、销售或通过信息网络传播本作品的行为；歪曲、篡改、剽窃本作品的行为，均违反《中华人民共和国著作权法》，其行为人应承担相应的民事责任和行政责任，构成犯罪的，将被依法追究刑事责任。

为了维护市场秩序，保护权利人的合法权益，我社将依法查处和打击侵权盗版的单位和个人。欢迎社会各界人士积极举报侵权盗版行为，本社将奖励举报有功人员，并保证举报人的信息不被泄露。

举报电话：（010）88254396；（010）88258888

传　　真：（010）88254397

E-mail：　dbqq@phei.com.cn

通信地址：北京市万寿路 173 信箱

　　　　　电子工业出版社总编办公室

邮　　编：100036